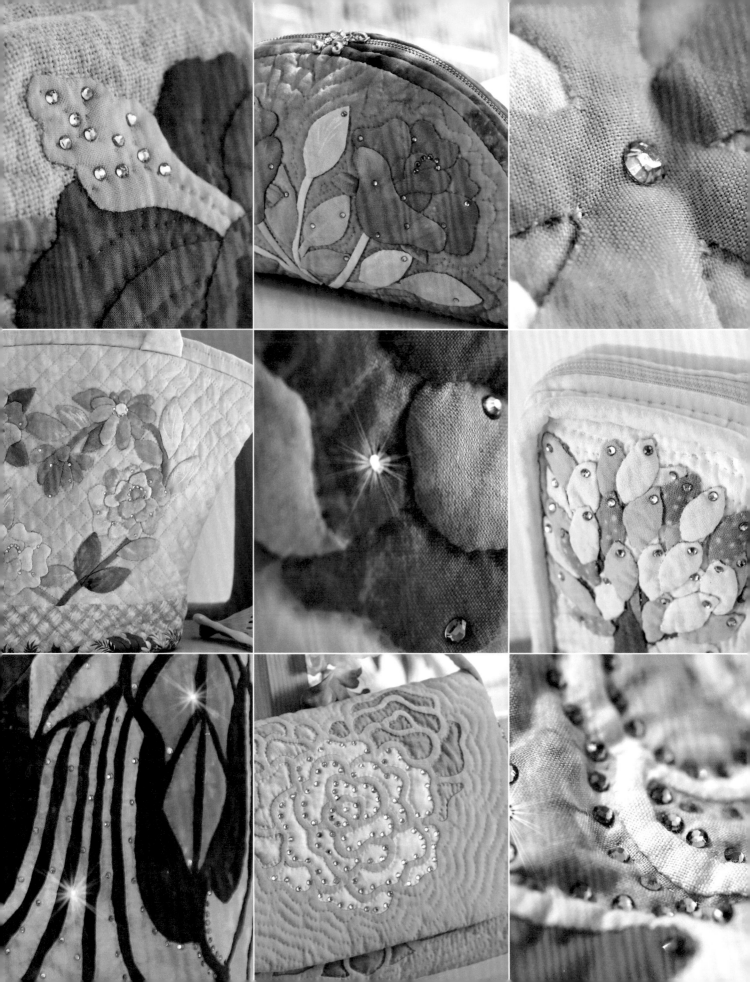

Kathy's "KIRA✦KIRA" Quilt

中島凱西の
閃亮亮夏威夷風拼布
創作集

Introduction
寫在開始

我最喜歡的就是自己動手縫東縫西。

平常使用的拼布提包或側背包，幾乎都是自己的縫紉作品。

最近更是對在拼布貼上閃亮亮的水鑽充滿了興趣。

沿著花樣或貼布縫線燙上水鑽，將拼布加工變身成「閃亮亮拼布」，

只要將拼布加點燙鑽，就能作出華麗又高貴的作品。

閃閃發亮的東西，光看就能讓人雀躍！

近來市面上很容易就能買到各種只要以熨斗加熱就能輕鬆黏接的水鑽。

而如果水鑽脫落了只要再黏上新的就好，

或乾脆將水鑽燙在不同位置就能變換出完全不同的氛圍，

只要一枚拼布作品就可以重複體會到各種樂趣。

就算是以前的舊作，只要加上水鑽就能煥然一新喔！

真是讓人期待呢！

啊，想要快點加上閃亮的水鑽，那就得快完成拼布作品喔！

大家絕對要試著作看看閃亮系拼布喔！

中島凱西

Contents

Kathy's "KIRA☆KIRA" Quilt

chapter 1

閃亮系元氣滿點包款

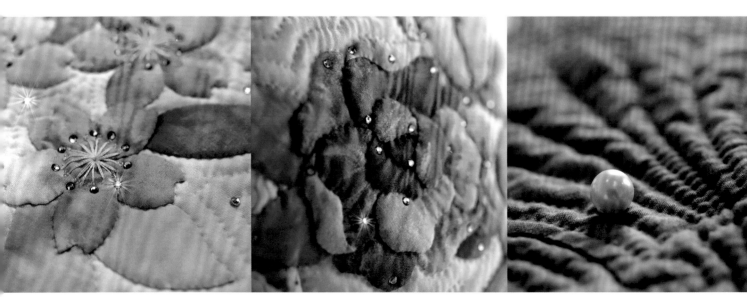

自滿的閃亮系收納包和小物

閃亮系奢華風拼布畫

 chapter *1* 閃亮系元氣滿點包款

古老玫瑰托特包

層層堆疊的圓形花瓣描繪出彩繪玻璃風的
古老玫瑰拼布圖案，
再加上滿滿的燙鑽，是一款閃閃發光的拼布包。

作法→ *P.65*

粉紅玫瑰花提籃

盛開玫瑰和花蕾貼布繡妝點出充滿浪漫風情，
兩側邊選用有著滿滿玫瑰的印花布，加上藤編提把，
就是一款提籃拼布包。

作法→ *P.66*

森林風拼布包

夏威夷語 Nahele 意即「森林」。
這是一款呈現出宛如森林中流逝的寂靜時光般的高雅提包。

作法→ *P.68*

玫瑰與雛菊的拼布提包

我特別喜愛的一種玫瑰，
就是以粉紅和黃色調合而成充滿魅力的杏色玫瑰，
和令人憐愛的雛菊搭配出心形花圈，彷彿是個泡芙美人。

作法→ *P.67*

茉莉花環側背包

以香氣瀰漫的 P.ikake（茉莉花）花環圖案設計的提包。
據說從前夏威夷公主 Ka'iulani 最喜愛孔雀和茉莉花，
因而將茉莉花也稱作 P.ikake。

作法→ *P.72*

夏威夷風拼布包

麥穗、野薑花、鳳梨是夏威夷拼布中常見的圖案花樣。
如果能巧妙地裝飾上燙鑽，
就成了魅力十足的夏威夷拼布了。

作法→ *P.73*

13

由左上角循著順時鐘方向，分別為森林風拼布包、茉莉花環側背包、漸層星星和哈囉莓布包、玫瑰與雛菊的拼布提包。

漸層星星和哈囉莓布包

將星星圖案重新組合變化，側邊使用哈囉莓貼布繡圖案。
生長在夏威夷火山帶的哈囉莓是 P.ere 女神最喜歡的食物。
在吃哈囉莓前別忘記獻上一粒給 P.ere 女神喔！

作法→ *P.70*

鍾意的迷你波士頓包

夏威夷語 P.unahele 有著「最喜愛」、「中意」的語義。
這款迷你波士頓包的形狀很可愛對吧！
請背著這款包一起到各處走走喔！

作法→ *P.75*

曼陀羅側背水桶包

這是一款以有著漂亮粉紅色的曼陀羅，
作成彩繪玻璃拼布包。
可以鬆鬆地掛在肩上，讓人感到心情愉快喔！

作法→ *P.80*

蜘蛛蘭大包包

將蜘蛛蘭那給人深刻印象的纖細白花瓣貼布縫在大包包上。
在夏威夷被稱作 Queen・emma・lily，
是種常被拿來作成髮飾，有著甜甜香氣的花朵，
在日本則稱為濱木棉。

作法→ *P.78*

扶桑花大托特包

扶桑花和龜背芋搭配出的圖案，
連縫線都使用閃亮系的線材。

作法→ *P.79*

由左上角循著順時鐘方向，依序為鐘意的迷你波士頓包、曼陀羅側背水桶包、扶桑花大托特包、蜘蛛蘭大包包。

芭蕾伶娜玫瑰肩背包

將有淺粉色單層花瓣,小朵的芭蕾伶娜玫瑰作成貼布繡圖案;
花房綻放出小小的花朵,這也是我最喜歡的玫瑰之一。

作法→ *P.82*

草裙舞女郎側肩包

Makamae 代表著可愛的呼啦舞女郎，意思是重要的、特別的女孩。
配合呼啦舞女郎圖案來加上閃亮水鑽吧！

作法→ *P.76*

結實纍纍葡萄托特包

將結實纍纍的葡萄串作成彩繪玻璃拼布，
沿著葡萄果實燙上璀璨水鑽，可以讓成品更漂亮！

作法→ *P.83*

心形玫瑰提包

老玫瑰排列成心形，再燙上滿滿的水鑽，
超適合宴會的高雅提包就完成了！

作法→ *P.88*

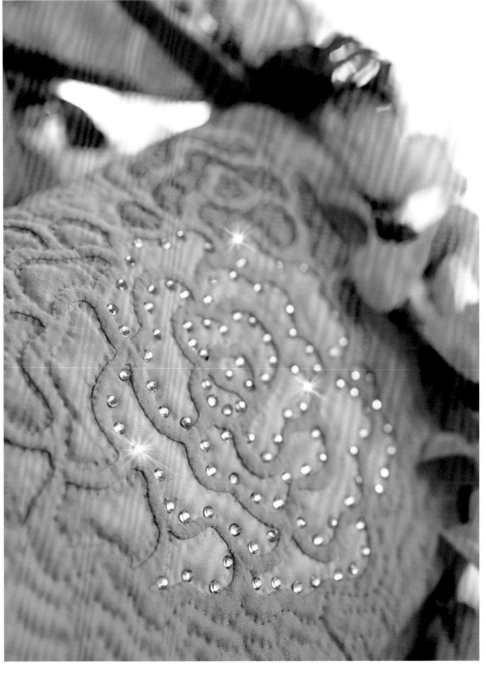

自滿的閃亮系
收納包和小物

彩繪雞蛋花長方形包

彩繪玻璃拼布描繪出盛開的雞蛋花，
是款華麗高雅的包包。
拿來當作護照包使用也挺適合的呢！

作法→ *P.84*

蕾芙亞長方形手拿包

別名大島的夏威夷島島花──蕾芙亞。

它是在熔岩流過後，最先綻放有著強韌生命力的花朵。

作法→ *P.85*

法國玫瑰手拿包

我最喜歡的玫瑰是氣質優雅的法國玫瑰。
位於靜岡市御殿場的拼布博物館自豪的一點，
就是擁有每到玫瑰盛開季節爭相綻放的艷麗玫瑰。

作法→ *P.86*

提亞蕾花橢圓包

純白可愛的提亞蕾花橢圓包。
設計時不將整朵花縫在布上，
就能完成和常見的夏威夷拼布完全不同的拼布風格。
我稱這種構圖法叫作「時髦風拼布」。

作法→ *P.90*

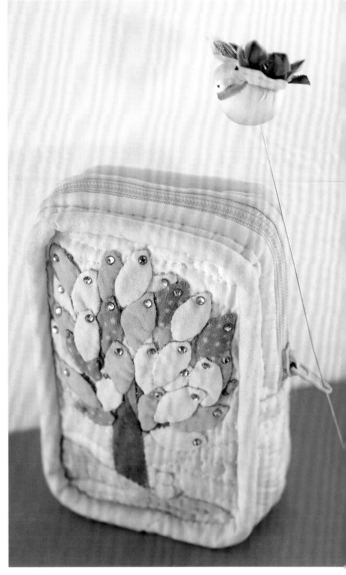

大樹的珠寶飾品收納包

佇足在遍布散落櫻花山丘上的貓咪背影，
牠是在看些什麼呢？
拼布另一個迷人之處，
就是能把自己喜歡的圖案縫在布上喔！

作法→ *P.91*

數位相機包
&
色彩繽紛筆袋

以柔和色調的布料完成拼布創作。
只要善於搭配顏色基調,
就能作出完成度更高的作品喔!

數位相機包作法→ *P.93*
色彩繽紛筆袋作法→ *P.92*

漸層星星的收納袋中袋

拼縫出希望之星的袋中袋。
把平日使用的小物全部放在作好的收納袋,
臨時要換不同包包出門時,
只要將收納袋移動到其他包包就好,
是不是很方便呢!

作法→ *P.94*

綠冬真馨花朵的針線盒
（大・小）

夏威夷可愛島的州花是生著淺紫色花朵，
結黃綠色果實的綠冬真馨。
它也常被用作製作花環的材料。
在針線盒燙上閃亮的水鑽，
作出專屬於自己自豪的針線盒吧！

作法→ *P.96*

2 款夏威夷風貼布抱枕

左圖是茂伊島的島花，被稱作天堂玫瑰，

有八層花瓣的深粉紅 lokelani 玫瑰。

右圖則是單層花瓣的歐胡島島花 llima。

它也被當作象徵王公貴族的花朵，

llima 作成的花環聽說還不是一般人都可以戴的唷！

作法→ *P.95*

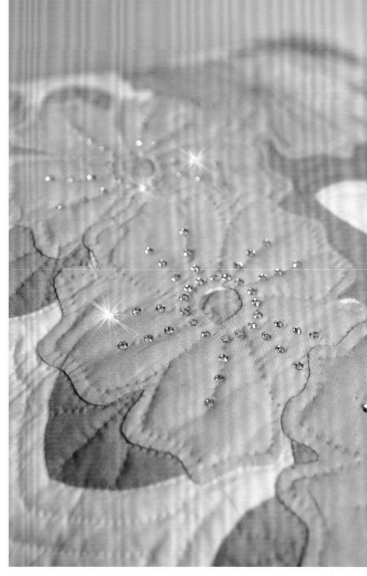

37

鮮紅櫻桃果籃桌旗

三角形拼布縫成的籃子和櫻花與櫻桃的貼布縫組合出的桌旗。

讓宴會看來更有下午茶氣氛呢？

作法→ *P.98*

火鶴花和龜背芋的遮簾

多種顏色的火鶴花和龜背芋因其有趣的顏色及形狀，
也是常被用在拼布中的花樣。
試著潔白的布料加上圖案作出鮮豔的遮簾吧！

作法→ *P.99*

粉紅野薑花餐墊

紅色及粉紅野薑花是夏威夷拼布中常會被拿來使用的花樣。
沿貼布縫線燙上水鑽，搖身一變成為可愛滿分的野薑花餐墊。

作法→ *P.100*

罌粟花圖案迷你拼布畫

這是一件以彩繪玻璃拼布描繪出鮮豔罌粟花的壁飾。
看來拼布畫和閃亮亮的燙鑽似乎很搭呢！
是件裝飾起來令人心情愉悅的壁飾作品。

作法→ *P.101*

chapter 3

閃亮系奢華風壁飾

彩繪玻璃風拼布壁畫

從左邊的拼布畫開始，依序是龜背芋、天堂鳥和雞蛋花的圖案。

這些都是在夏威夷隨處可見的植物。

作法→ *P.102*

陽光女孩

二〇〇九年七月七日，長女七奈美因癌細胞的侵襲，在如花樣般的二十九歲芳齡離開了人世。

這件拼布正是以不論何時都開朗，宛如陽光般熱力四射的七奈美給人的印象，

大量使用七奈美喜愛的橘色，是件閃亮、奢華，像太陽一樣充滿朝氣的拼布作品。

作法→ *P.104*

藍海與珍珠

蔚藍海洋和起伏舞動的波浪為主題的夏威夷風拼布畫。

除了亮晶晶的燙鑽之外，再接縫上一粒粒的珍珠，

這是份來自豐饒大海的贈禮喔！

作法→ *P.105*

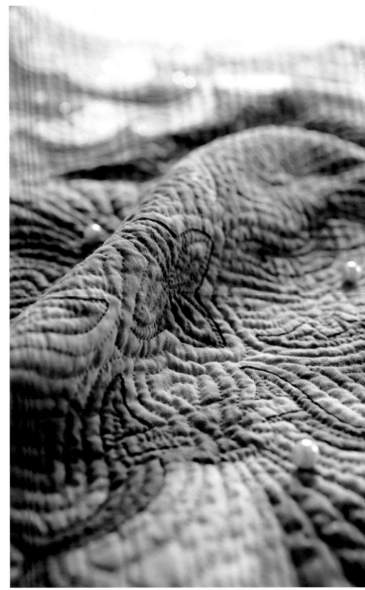

藍色系閃亮拼布畫

利用夏威夷拼布、貼布縫、拼布縫及彩繪玻璃風拼布等
四種不同的技巧作出的拼布作品集合成一張拼布壁畫。
就算使用上不同的技巧但是底布都採用藍色布料的緣故，
還是相當有統一感，具有和諧之美。
《おしゃれ工房》（NHK 出版）連載一年的每月拼布作品上加上閃亮水鑽，
就完成了超華麗的拼布壁畫了。

作法→ *P.106*

製作閃亮亮燙鑽拼布前一定要先閱讀喔！

●圖中單位
本書使用單位皆為公分。

●關於完成大小尺寸
拼布時會因為壓線的緣故造成布料縮短。而縮法則會根據布料種類和壓線的分量有所不同，因此本書內尺寸圖所標記的尺寸則為完成尺寸。另外，包包的長度不包含提把。

●關於縫份
表布和裡布為1至1.5cm（夏威夷拼布則參考P.51），補強布和鋪棉則加上2至3cm縫份後裁剪。拼布縫則在縫合後，外側留1cm，其餘部分則留0.7cm縫份，就能完成整齊漂亮的成品。

●關於縫法
主要採手縫完成作品。包包表袋的側邊和擋布，土台布和拉鍊等需要確實縫緊的部分採用半回針縫，表面壓住固定的袋口部分（機縫時為端車縫）則採用星止縫固定。但是，建議依厚布料或是作品不同採用機縫方處理。

●包包的側幅和裡布尺寸的算法
包包表面主體因三層疊合進行壓線的關係會縮小，因此裡布和側幅的尺寸和表面主體並不相同。縮法會因為製作者不同和壓線的分量而有所改變，作法的尺寸圖則標記和表面主體相同尺寸。要正確算出尺寸時，須測量已經完成壓線的包包主體。

完成閃亮亮拼布必備工具

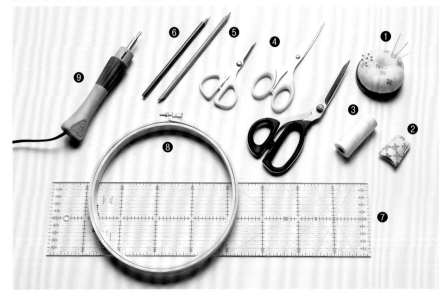

❶ 珠針・縫針・貼布縫用針・疏縫用針
❷ 頂針（拼布時套在慣用手的中指）
❸ 疏縫線
❹ 剪刀——剪布用・剪紙用・剪線用（依用途不同使用不同功能剪刀，也可以延長剪刀壽命）
❺ 鉛筆（在布上描繪紙型，或是畫拼布壓線時使用）
❻ 色鉛筆（在布上描寫拼布圖案，或是在鉛筆不容易描寫的布料上畫壓線時使用）
❼ 尺（附有平行線和方眼格就更方便使用）
❽ 繡花框（作壓線時使用）
❾ 燙鑽筆（燙鑽用）
其他：縫線（聚酯纖維線60號）・冷凍紙・熨斗等。

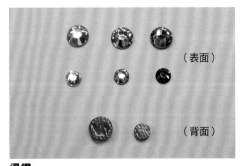

（表面）

（背面）

燙鑽
本書使用的水鑽背面都已加上了加熱溶化的黏著劑，以熨斗加熱就可以輕鬆燙上水鑽。可在手工藝材料店購買各種大小和顏色齊全的燙鑽。

燙鑽筆
黏貼燙鑽專用筆。筆尖部分為熨斗。燙鑽筆的用法為先將燙鑽放在想要點綴處，從上方以燙鑽筆燙壓幾秒就能黏接上。燙在壓線上能呈現出具一致性的完成品。

＊也可以利用熨斗的尖端（乾燙）。
☆請小心使用熨斗，以免燙傷。

貼布與拼布縫的基礎作法

* 在此以「藍色系閃亮拼布畫」（P.48）的紙型來介紹貼布縫和拼布縫的基礎作法。
* 紙型及圖案圖案請參考附頁紙型。
* 為了方便說明，特將線材換成不同顏色。

基礎 1

貼布縫作法A（夏威夷拼布）

✦ 野薑花圖案

完成尺寸 30×30cm

◎夏威夷拼布的紙型為已含1/8縫份的紙型。紙型使用方法請參考本頁。

1 將土台布‧圖案布摺成 1/8大小

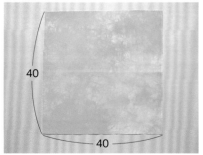

1 準備稍微比裁剪尺寸（完成尺寸+縫份）較大的布料（此處準備大小為40×40cm）。

2 先以中央線為準左右對摺，再上下對摺，以熨斗熨燙並摺線。

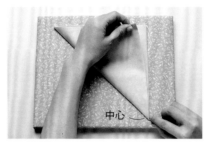

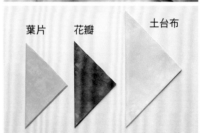

3 手指確實壓住中心點後將布料摺成1/8大小，以熨斗燙壓摺線。由於中心要作滾布邊，製作時不要將布料拉到變形。花瓣和葉片用貼布也摺成1/8大小。

2 裁剪布料

1 利用厚描圖紙剪下花朵和葉片的紙型。

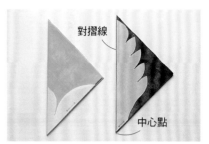

2 將剪好的紙型和摺成1/8大小的花瓣及葉片的對摺線及中心點相對後，以鉛筆描繪輪廓。

3 於輪廓線內側釘上珠針以固定八層布料。

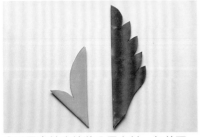

4 沿圖案輪廓線將八層布料一起剪下。依同樣步驟剪下葉片用貼布。

3 將花朵疏縫在土台布上

1 土台布正面朝上攤開。前面摺出的八等份摺線當作貼布縫位置,將對角線的摺線和貼布圖案摺半的摺線相對在一起。

2 將貼布對摺部分攤開。接著在右邊繼續放下一片圖案的布料(順時鐘往較寬空間放置),土台布的摺線要和貼布布料摺線對齊好。

3 重複步驟**2**要領將全部圖案的布料放置。再於中心和對角線釘上珠針固定貼布用布料。

4 加上疏縫線。穿一條疏縫線,線頭打結後,在布料表面離中心稍微差一點距離的位置入針,先往對角線上方作疏縫,接著沿圖案輪廓縫上疏縫。

4 花朵圖案的貼布縫

＊貼布縫時使用和布料相同顏色的貼布縫線,以藏針縫縫上貼布。

1 以曲線弧度較為平緩的地方開始貼布縫。從布邊0.3至0.5cm內側入針,再由摺布處出針。

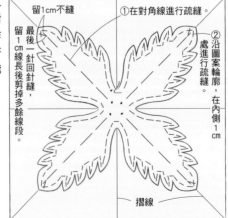

①在對角線進行疏縫。

②沿圖案輪廓處進行疏縫

留1cm不縫

最後一針回針縫,留1cm線長後剪掉多餘線段。

②沿圖案輪廓,在內側1cm

摺線

藏針縫

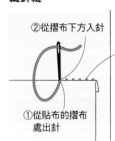

②從摺布下方入針

①從貼布的摺布處出針

表面看不到針目

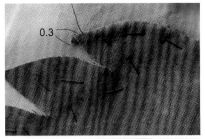

2 縫至距離圖案尾端0.3cm處拉線，如照片調整布料方向，對照輪廓大小裁剪多餘布料。

3 分為兩次把尖端的縫份往內摺，作出有尖角的前端。

4 在縫份內側進行藏針縫，縫到花朵V字部位前停止。

5 花朵V字位置從左到右以捲針縫將縫份往內摺進（如上圖照片）。因為V字部分的縫份較少，大約以三針針幅較寬的捲針縫。

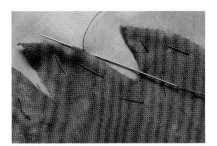

6 重複步驟**1**至**5**將邊緣縫好。完成花朵部分的貼布縫。

5 葉片圖案的貼布縫

疏縫

1 和花朵部分作法相同。沿土台布摺線放上葉片用布。於直・橫・對角線和輪廓線內側1cm處進行疏縫。

2 縫針於圖案周邊縫份0.3至0.5cm處內側穿入，以藏針縫縫上貼布（參考花朵部分作法），完成配件。

貼布縫作法B（夏威夷拼布）
✦ 海芋 & 龜背芋圖案

完成大小 30×30cm

◇作法B是利用冷凍紙製作貼布。冷凍紙是種一面帶有光澤加有黏著劑，另一面則是普通紙張的紙。將有黏性的一面放在布上再以熨斗熨燙就可以暫時黏接在布面，這種作法可以讓貼布縫的作法變得更為簡單。冷凍紙可在手工藝材料店購買。

◇描繪圖案的重點
冷凍紙描繪圖案時，可以在圖案底下放張白紙後，再將冷凍紙放在圖案上會讓圖案顯得更明顯。另外，也可以在光線良好時，將要描寫的圖案對於透明玻璃窗上描繪也是個好方法。

1 描繪圖案

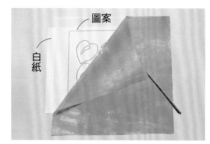

1 準備40×40cm的土台布，在正面先畫30×30cm的完成尺寸。以描圖紙（或是可以透光的薄紙張）來描繪紙型。依照白紙、圖案、土台布的順序重疊在工作檯上，以鉛筆在土台布上描繪圖案。

2 將要使用的圖案描繪在冷凍紙無膠的那一面（無光澤面）。在描圖時可以將貼布圖案號碼也一併註明，可避免在縫製時出錯。

2 裁剪圖案

1 沿輪廓線剪下冷凍紙描好的圖案，剪下的圖案放於貼布圖案布料的正面（冷凍紙有膠那面和布面相對），再以熨斗（中溫）乾燙讓冷凍紙和布黏接在一起。

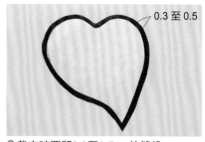

2 裁布時要留0.3至0.5cm的縫份。

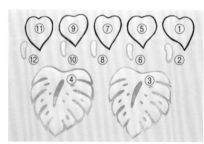

3 葉的紙型③・④的龜背芋葉片以熨斗熨燙依整體輪廓粗裁的布料上，在這邊要將之後需要去掉的部分先留下，其他圖案留縫份裁剪。

3 拼縫貼布

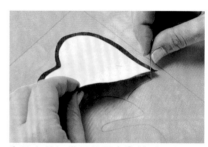

1 縫上剪好備用的圖案①紙型。土台布上描好的圖案和紙型①對好後，以珠針固定重點處。紙型內側距離1cm處疏縫。

2 從曲線較為平緩處開始貼縫，參照上圖以縫針將縫份往內側摺入，進行藏針縫，縫至圖案尖角部分。

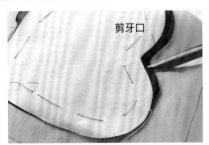

3 先剪掉轉角多餘縫份，角角的縫份分兩次摺入內側，記得要整理出尖角形狀。再將周圍縫份也往內摺後進行藏針縫。

剪牙口

4 縫到靠近手邊的凹陷部位時，參考上圖在凹陷中心和左右兩邊各剪一刀。

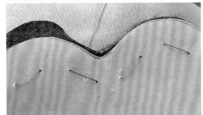

5 針尖由外側往內側捲縫，將縫份往內摺入。在牙口位置和左右處進行捲針縫；剩下部分則以藏針縫完成。

6 縫完一圈後拿掉疏縫線，取下冷凍紙紙型，就完成圖案①的貼布縫了。

7 對照原圖，在剛作好的步驟6上放上圖案②再進行疏縫。之後作法和圖案①相同，將周圍的縫份摺入內側後進行藏針縫。

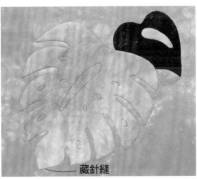

藏針縫

8 圖案③放在土台布相對位置後，周圍先作一圈疏縫。接著把周圍縫份摺進內側並作藏針縫。完成後取下疏縫線和冷凍紙紙型。

9 貼布圖案中心上的捨棄部分以記號筆畫一條裁剪線，沿裁剪線剪開貼布圖案的布料，為了不剪到土台布，建議將圖案布料往上提和土台布分開會比較容易裁剪。

疏縫

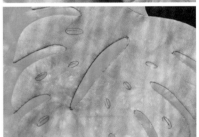

10 挖空的外圍內側預留1cm進行疏縫一圈。左右邊縫份摺入內側再進行藏針縫，而因為上下端曲線的縫份較少，可以在正面縫出明顯一點的針目。最後，全部縫好後取下疏縫線，其他不需要的部分也以相同作法處理。

11 依照紙型④至⑫的順序將剩餘圖案貼縫至土台布上即完成。

貼布縫作法C（拼布）
✦ 玫瑰 & 雛菊圖案

完成大小 30×35cm

1 描繪圖案

1 準備36×41cm藍色染布，正面先畫出完成大小的尺寸線（30×35cm），再以描圖紙描寫紙型和圖案號碼。接著在圖案上放上土台布，以鉛筆描繪輪廓。

2 於冷凍紙無膠的那一面（無光澤面），畫上除了梗之外的所有圖案和記號。

2 裁剪布料

1 沿輪廓線剪下描寫在冷凍紙上的圖案，燙在貼布用布料的正面。貼好的圖案要加上縫份後再剪下（上方如果有重疊其他圖案部分時縫份抓0.5cm，其餘留0.3至0.4cm縫份）。

2 各取30cm、40cm、50cm寬2cm的斜布條。按圖示正面朝外對摺，距對摺線0.5cm處畫上縫線標記。

裁剪斜布條

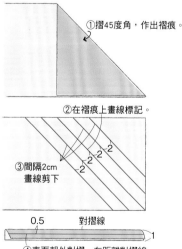

① 摺45度角，作出褶痕。
② 在褶痕上畫線標記。
③ 間隔2cm畫線剪下
0.5　對摺線
1
④ 表面朝外對摺，在距離對摺線0.5cm處畫上縫線。

3 貼縫葉梗

＊從最底層的短葉梗開始貼縫。將30cm長的斜布條比對在底部圖案上，預留比圖案稍微長一點的長度再剪斷。

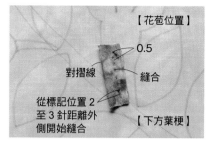

【花苞位置】
0.5
對摺線
縫合
從標記位置2至3針距離外側開始縫合
【下方葉梗】

1 葉梗圖案左邊和斜布條縫線標記對合，再以珠針固定。從下方葉梗標記位置2至3針距離外側開始縫合，沿著線以平針縫縫至標記線（上方花苞位置）的0.5cm位置。

2 斜布條布邊超過梗寬時，依照圖案內側尺寸裁剪斜布條。

藏針縫

3 調整斜布條讓另一邊和葉梗輪廓線對齊，以珠針固定再以藏針縫縫合。完成後剪掉上下多餘的斜布條。

4 以步驟 **1** 至 **3** 作法貼縫剩下的短葉梗，完成後貼縫左右兩邊的長葉梗。

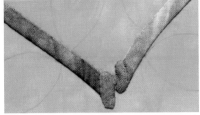

5 將葉梗切口（A·B）和圖案對好，中央加上疏縫。進行藏針縫時一邊將縫份摺入內側，完成後拿掉冷凍紙就完成葉梗部分的貼布縫了。

4 貼縫葉片

1 葉片和土台布圖案對齊，以完成大小邊緣往內0.6cm處疏縫。

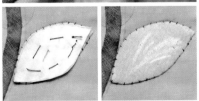

2 由曲線較平緩的部分開始縫合，將縫份摺入內側並作藏針縫。葉尖的縫份則分兩次摺入，並調整出葉尖的形狀，最後再拆掉疏縫線和冷凍紙。

3 其他同樣的葉片以相同的作法完成貼布縫。

5 貼縫花朵

1 貼縫雛菊a。在土台布相對位置先放上a-1圖案，疏縫。花瓣外側的縫份往內摺以藏針縫縫合。另外，由於要再加上花瓣貼縫，所以依圖所示重疊部分不需要縫合，在縫份邊緣疏縫於土台布。上方重疊的花瓣以筆標記。

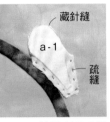

2 將a-2圖案對齊土台布，同步驟1作法縫合。

3 參考步驟**1**，將a-3至 a -8的圖案布完成貼縫，a-9則需要整片貼縫。完成後花芯（a-10）整圈以藏針縫進行貼縫。就完成一朵雛菊了！

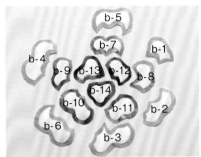

4 參考雛菊作法，按照1至14的順序（紙型號碼）貼縫玫瑰b。

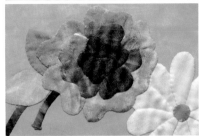

5 按照順序貼縫玫瑰 c 及雛菊d·e。

6 最後貼縫f的雛菊。按照花瓣標示1至7的順序貼縫，再貼縫8的花萼遮住花瓣和葉梗相接的位置。

6 貼布縫花苞

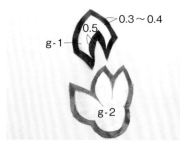

1 貼縫花苞g。花苞的g-1圖案先疏縫，如圖將縫份往內摺並進行藏針縫。會和g-2花萼重疊的部分不需要縫合，直接疏縫縫份，最後剪掉疏縫線，拆掉紙型紙。

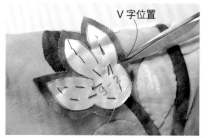

2 疏縫花萼，再從和葉梗相接處開始進行貼布縫，如圖在快縫到V字部位時於V字縫份剪一刀。

3 將至剪牙口的縫份都往內摺，並進行藏針縫，縫到距V字一個針目為止。

4 V字部位捲針縫一針。接著將縫份摺入內側後，進行藏針縫，縫到尖角處。

5 將花苞的V字部位縫份剪牙口，剪至邊緣為止。

6 尖角部位的縫份則分兩次摺入，再稍加縫合。

7 拆掉花萼尖角的疏縫線和紙型紙，縫到牙口位置。

8 V字部位作三針針幅較寬的捲針縫。再對照紙型，將縫份摺入內側並進行藏針縫，縫到下一個尖角位置。以此作法縫合整圈。

9 花苞h和g以同樣作法貼縫。完成拼布圖案。

58

Piece work（拼布）
✦ 漸層星星圖案

完成大小 25×35cm

◇ **Piece work 拼布重點**
・裁剪拼布圖案預留1cm縫份，圖案完成後再將縫份修剪至0.7cm。
・完成後先隨意挑交點處的縫份依風車圖案般往一側倒，其餘縫份則依自然倒往一側，再以熨斗整燙。

◇ **拼縫重點**
1. 拼縫多片布片時，請不要從邊緣開始拼縫，而是將它分成容易整理的小拼布塊（這邊則是縫合布片a，作出正方形的拼布塊）。
2. 再將作好的小布塊縫合成大一點的拼布塊（這邊則是作A至H的8塊拼布塊）。
3. 再拼縫出更大一些的拼布塊後，整理拼縫成一片完整的拼布（將A至C，D至F，G至H 3列拼布拼縫成一片）。

尺寸圖 & 圖案布塊分割

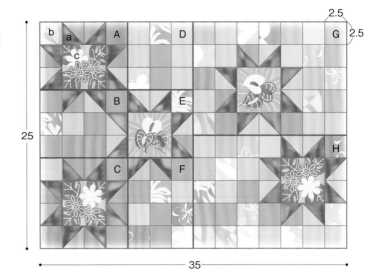

1 裁剪布片

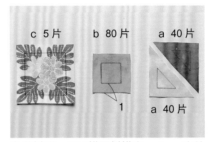

c 5片　　b 80片　　a 40片
1
a 40片

參考紙型，以厚描圖紙描寫a・b・c布片的紙型。在布片背面放上紙型，以色鉛筆描繪輪廓，布片加上1cm縫份後再裁剪需要的數量。

2 拼縫布片作布塊A

＊ 拼縫時不要將線結縫在標記尾端上。

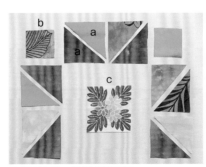

b
a
a
c

1 排列布片，確認位置正確。

（內面）

2 配色不同的兩片a-2表面對齊後，在三角標記上以珠針固定。

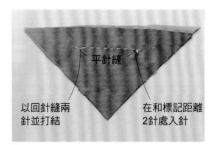

平針縫

以回針縫兩針並打結　　　在和標記距離2針處入針

3 線頭打結。為了避免不將線結縫在標記尾端上，距離標記尾端標記線2針處穿入，回縫至標記尾端。接著沿標記位置進行平針縫，完成後以回縫兩針打結並剪線。

4 尖角部分的縫份修整為1cm，完成正方形的布片。由於最後會一起整理縫份，此處不需熨燙。

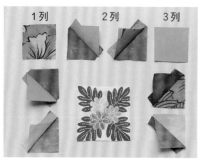

1列　　2列　　3列

5 同步驟**2**至**4**要領於同一拼布圖案塊中製作6片。

縫合

拼布片c

6 製作第2列的拼布塊。相鄰的兩片正方形拼布塊的內側重疊對齊，標記位置需從頭到尾縫合，製作長方形拼布塊。

第1片拼布片a

拼布片c

7 步驟**6**完成的長方形拼布塊放前面，和拼布片c內側相對後以珠針固定。縫至和步驟**3**縫合的拼布片a相同位置為止。之後以回縫一針再由後方（拼布片c內面）出針。

拼布片c

第2片拼布片a

8 拼布片c朝自己方向，於出針的針目邊穿入，將步驟**7**拼布片a的縫份往側倒，在第2片拼布片a的標記位置入針（避開縫份縫合）。

第3片拼布片a

9 於步驟**8**出針的針目邊緣穿入，第3片拼布片a的標記位置出針。接著在邊緣穿入，拼布片c側出針。

第4片拼布片a

10 於步驟**9**出針的針目邊穿入，在距第4片拼布片a距離標記位置一針處出針，回縫一針並在標記位置入針，進行平針縫，縫到接下來的標記位置。最後同樣從標記位置尾端回縫兩針打結。此處縫份重疊部分的標記位置必須縫到，作出三角形的頂點。就完成第2列的拼布塊了。

縫至標記處

縫合　　縫合

3列　　2列　　1列

11 拼布片b和步驟**5**作出的正方形拼布塊2片排成直線縫合，作出第1列和第3列的拼布塊。在步驟**10**的第2列拼布塊左右排上第1列和第3列拼布塊接縫。縫份重疊的三角頂點以步驟**7**至**10**作法縫合，完成拼布塊A。

3 製作拼布塊B至H

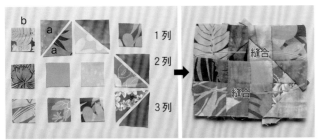

1 縫合拼布塊B。接縫2片拼布片a縫合成正方形拼布塊。將拼布片b和正方形拼布塊橫排縫合,製作3列拼布塊,最後將3列縫合成一片拼布。

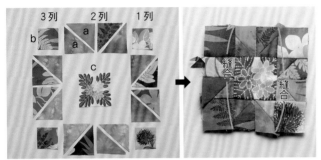

2 製作拼布塊C。縫法和拼布塊A相同。

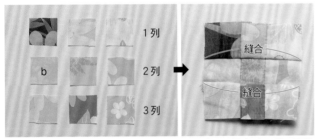

3 製作拼布塊D。拼布片b3片橫排縫合作出3列拼布塊。將3列縫合成一片拼布。

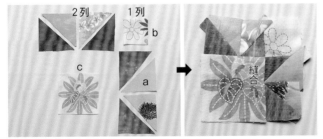

4 縫製拼布塊E。縫合2片拼布片 a 作成正方形拼布片。完成的拼布片和拼布片b排成直排縫合作第1列拼布塊。製作第2列拼布塊(和拼布塊A的第2列相同),最後和第1列縫合完成一片拼布。

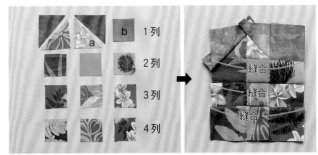

5 縫製拼布塊F。縫合2片拼布片 a 作成正方形拼布片。完成的拼布片和拼布片b橫向排齊縫合作第1列拼布塊。剩餘3列拼布塊則將 3 片拼布片b橫排縫合,最後將 4 列拼布塊縫合完成一片拼布。

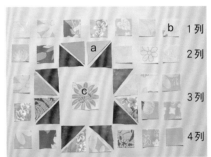

6 縫製拼布塊G。縫合2片拼布片 a 作成正方形拼布片,共作8片。完成的拼布片和拼布片b‧c縫合作 4 列拼布塊,將 4 列拼布塊縫合完成一片拼布。

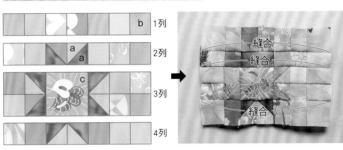

7 縫製拼布塊H。縫合2片拼布片 a 作成正方形拼布片,共作8片。完成的拼布片和拼布片b‧c縫合作 4 列拼布塊,將 4 列拼布塊縫合完成一片拼布。

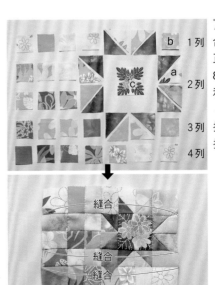

4 完成部分拼布

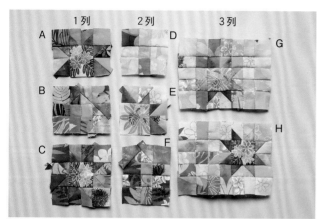

1 按照配置排列拼布塊A至H，同時確認整體感。第1列至第3列的拼布塊一起製作。

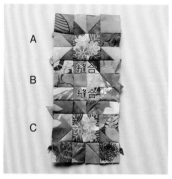

2 製作第1列拼布塊。縫合拼布塊A‧B‧C。

3 製作第2列拼布塊。縫合拼布塊D‧E‧F。

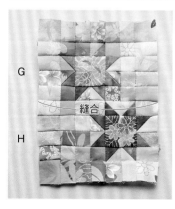

4 製作第3列拼布塊。縫合拼布塊G‧H。

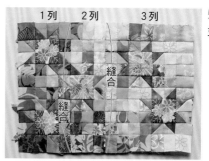

5 3列拼布塊橫向排列並縫合。

6 翻至步驟5完成的拼布內面，將周圍以外的縫份剪齊至0.7cm。

7 將交點的縫份如風車般交互燙壓。其餘縫份則自然倒向一側，再以熨斗燙壓。

8 翻回表面，剪掉周圍多出縫份。完成拼布塊部分。

彩繪玻璃風拼布（挖縫）
✦ 葡萄藤蔓圖案

完成大小 30×60cm

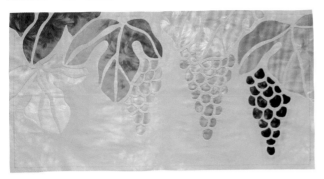

1 描寫圖案

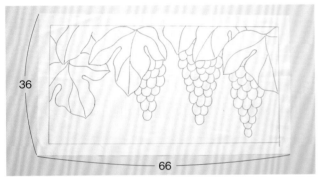

於白布上以油性筆畫出30×60cm的完成線，周圍外加3cm縫份後剪下。描圖紙描繪圖案後放在白布上，再以油性筆描畫一次圖案。

2 裁剪圖案後貼在白布上

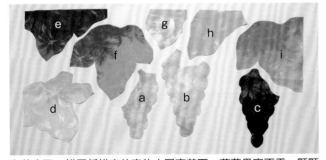

1 將步驟 **1** 描圖紙描寫的實物大圖案剪下。葡萄果實不需一顆顆剪下，沿輪廓外側剪下形狀。葉片和葡萄的布料表面對合上紙型，以記號筆描寫輪廓。葉片圖案和白布完成線的接合部分加2cm縫份，其餘則抓0.3至0.4cm縫份裁剪。

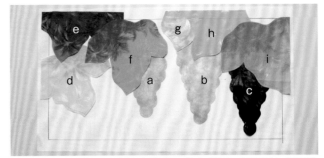

2 將已描繪圖案的白布沾上漿糊，依序從最下層圖案a輕輕黏貼。注意不要沾太多漿糊。

3 進行挖縫

1 裁剪36×66cm土台布，在貼有圖案的白布上，土台布表面朝外疊合。周圍釘上珠針固定時注意布料是否對齊，按照 ①至⑧順序進行疏縫。

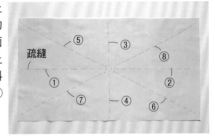

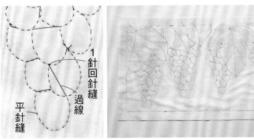

2 翻至白布側，沿圖案線於土台布上進行平針縫（縫製比細線縮縫時較粗的針目）。在縫葡萄果實時，縫線不需剪斷，直接過線至下一顆果實位置繼續縫。這種情況在過線第一針要作一針回針縫。縫完全部圖案後，於完成線進行平針縫。最後拆掉步驟 **1** 的疏縫線。

3 翻到土台布面，以筆在平針縫內側畫上裁切線。

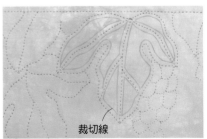

◇小技巧
由於要將土台布沿裁切線剪開，露出底下的圖案再來縫製。裁剪同時決定了圖案設計，因此畫裁剪線要如畫畫般細心描繪。

4 挖縫葉片f。需剪開部分土台布建議以剪刀前端稍微往上提，將土台布開出小洞。沿著裁剪線剪開土台布時，請小心不要剪到下方的圖案布料。製作時不要一次全部剪開，而是剪開一處後完成挖縫後再進行下一步。

5 將剪開0.3至0.4cm左右的縫份，摺入內側後進行藏針縫，縫合周圍。

6 重複步驟4至5，將葉片f剩下部分進行挖縫。

7 挖縫葡萄a。顆粒沿裁切線剪開，將縫份摺入內側後進行藏針縫，轉角縫份較少時，可於表面進行兩針可看到針目的立針縫。

8 於弧度部分的縫份剪牙口，並以藏針縫縫製。

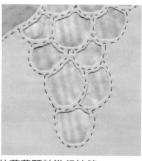

9 依照步驟7至8的作法，將剩下的葡萄顆粒進行挖縫。

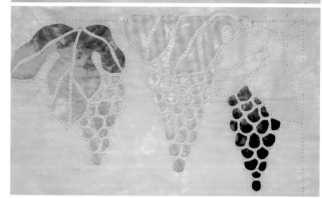

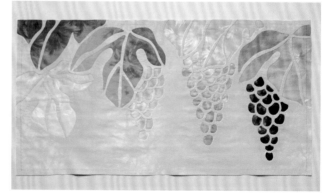

10 依照步驟4至8的作法，按順序將剩下的葉片g‧h，葡萄b‧c，葉片i‧e‧d進行挖縫。完成！

古老玫瑰托特包

●原寸紙型 A

完成尺寸　長 25cm・寬 40cm・底寬 12×28.5cm

◇材料

棉布

　藍色絞染布……110×60cm（主體表布・底部表布・貼邊布・綁繩）

　白布……110×85cm（白布・補強布）

　印花布……110×35cm（主體裡布・底部裡布）

　淺粉紅色絞染布……20×40cm（圖案）

　深粉紅色・粉紅色絞染布……各18×30cm（圖案）

棉襯……110cm×50cm

布襯……15×80cm

提把……1組

燙鑽……適量

◇作法

1 於主體表布進行挖縫（參照P.63至P.64）。

2 補強布、棉襯和步驟**1**疊合後進行疏縫後壓線。

3 底部也將補強布、棉襯和表布疊合進行疏縫後壓線。

4 主體和土台布在壓線後會縮小，請先描繪上完成線，於主體袋口側加上1cm縫份，其餘則留下1.5cm縫份。

5 主體中表布正面相對縫合，縫側邊。修剪棉襯側邊與接縫口邊緣。袋口側作橫褶（圖1）。

6 貼邊布內側貼上布襯，和裡布縫合，正面相對縫合，縫合側邊。袋口處摺出橫褶後縫製（圖1）。

7 製作綁繩（圖2）。將主體表布的袋口縫份進行疏縫。

8 主體和步驟**6**的裡布正面相對疊合，縫合袋口縫份，於弧度部分剪牙口，翻回表面。並於袋口內側0.5cm處進行星止縫（圖2）。

9 主體和步驟**3**的底部縫合。底部裡布摺出完成大小，於底部接縫口縫合（圖1）。

10 翻回表面，接縫上提把（圖1・圖2）。最後於喜好位置燙上水鑽即完成。

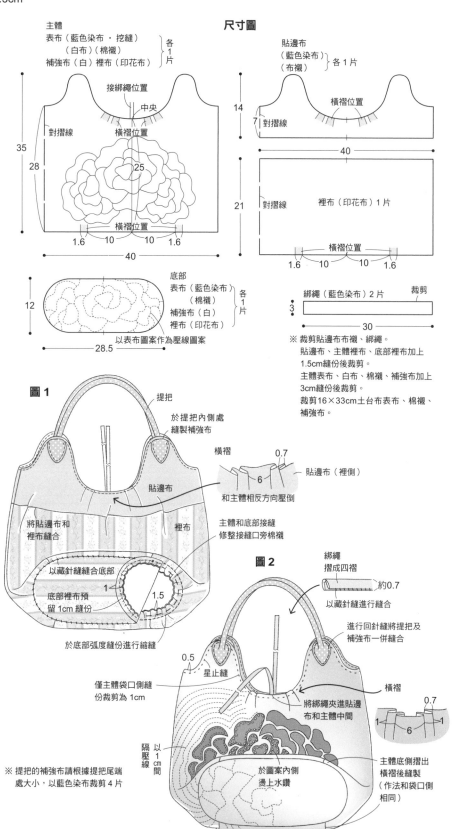

尺寸圖

主體
　表布（藍色染布・挖縫）
　（白布）（棉襯）　}各1片
　補強布（白）裡布（印花布）

接綁繩位置
中央
對摺線
橫褶位置
橫褶位置

35　28　25

1.6　10　10　1.6

40

貼邊布
　（藍色染布）
　（布襯）　}各1片

橫褶位置
對摺線

14　7

40

對摺線
裡布（印花布）1片
橫褶位置

21

1.6　10　10　1.6

底部
　表布（藍色染布）
　（棉襯）
　補強布（白）　}各1片
　裡布（印花布）

以表布圖案作為壓線圖案

12

28.5

綁繩（藍色染布）2片　裁剪

3

30

※ 裁剪貼邊布布襯、綁繩。
貼邊布、主體裡布、底部裡布加上1.5cm縫份後裁剪。
主體表布、白布、棉襯、補強布加上3cm縫份後裁剪。
裁剪16×33cm土台布表布、棉襯、補強布。

圖1

提把
於提把內側處縫製補強布
貼邊布
裡布
將貼邊布和裡布縫合
以藏針縫縫合底部
底部裡布預留1cm縫份
於底部弧度縫合進行縮縫

橫褶　0.7
貼邊布（裡側）
6
和主體相反方向壓倒
主體和底部接縫修整接縫口旁棉襯

1　1.5

圖2

綁繩摺成四褶
約0.7
以藏針縫進行縫合
進行回針縫將提把及補強布一併縫合
橫褶
0.7
1　6　1
主體底側摺出橫褶後縫製（作法和袋口側相同）

綁繩摺成四褶
將綁繩夾進貼邊布和主體中間

0.5
星止縫
僅主體袋口側縫份裁剪為1cm

隔壓線
以1cm間
於圖案內側燙上水鑽

※ 提把的補強布請根據提把尾端處大小，以藍色染布裁剪4片

粉紅色玫瑰花提籃

完成尺寸 長 24cm・寬 34cm・底部直徑 16cm

◎**材料**

棉布

　印花布a……30×40cm（主體表布）

　淺粉紅色絞染布……110×30cm（主體表布・底部表布・
　貼邊布）

　印花布b……90×25cm（主體裡布・底部裡布）

　白布……110×30cm長（補強布）

　絞染布3種……各適量（圖案）

棉襯……110×30cm

布襯……14×32cm

提把……1組

燙鑽……適量

◎**作法**

1 將淺粉紅色染布和印花布a交錯縫合，完成一片主體表布（後
片側一處不縫）。

2 粉紅色染布一部分描繪圖案，進行貼布縫（參照P.56至
P.58）。但要注意，側邊側的玫瑰花苞貼縫，於主體縫成輪狀
後再進行貼縫。

3 補強布、棉襯和步驟**2**的表布疊合進行疏縫再壓線。補強布、
棉襯對齊表布修剪多餘布料。

4 底部也將三層布料疊合進行疏縫後壓線。補強布、棉襯對齊表
布後修剪多餘布料。

5 將步驟**3**的主體縫成輪狀，縫份往印花布a自然倒向一側。花
苞進行貼布縫。

6 主體袋口側和土台布側抓橫褶疏縫固定，並和步驟**4**的底部縫
合。此時，主體尺寸比底部長，則製作皺褶並縫合。

7 將裡布和側邊接縫合作成筒狀。底側配合底部尺寸製作皺褶並
縮縫，並和裡布底接縫成袋子。

8 在步驟**6**的主體中放入表面朝外的步驟**7**裡布，縮縫袋口側，縮
小主體尺寸，棉襯疏縫固定。

9 兩片貼邊布內側貼上布襯，側邊縫合成筒狀。和主體袋口側，
表布正面相對縫合。

10 貼邊布翻向裡布側邊，將布邊摺成完成大小和裡布進行藏針縫
縫合。

11 主體袋口側縫上提把。於喜歡的位置燙上水鑽。

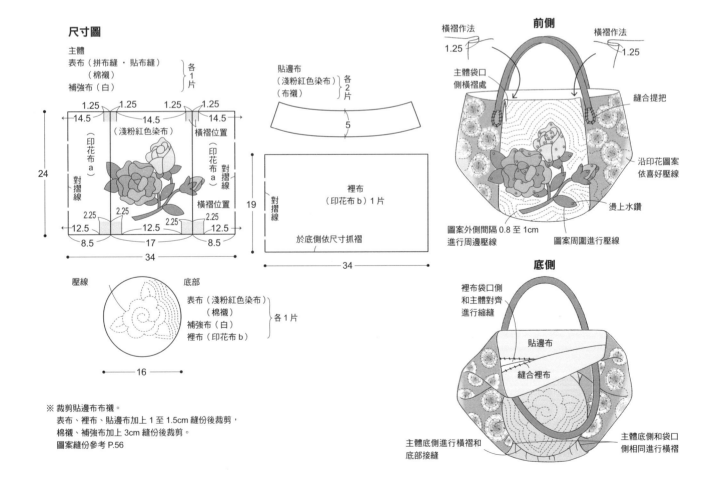

※ 裁剪貼邊布布襯。
　表布、裡布、貼邊布加上 1 至 1.5cm 縫份後裁剪，
　棉襯、補強布加上 3cm 縫份後裁剪。
　圖案縫份參考 P.56

玫瑰＆雛菊拼布提包

●原寸紙型 C 面（縮小 50%）

完成尺寸 長 30cm・寬 44cm・底寬 9×21cm

◇**材料**

棉布

卡其色絞染布……70×110cm

（主體表布A・口布・貼邊布・提把）

綠色印花布……40×55cm（主體表布B・底部表布）

黃色印花布……50×110cm（裡布・底部裡布）

白布……50×110cm（補強布）

黃金色絞染布……30×55cm（玫瑰花・雛菊花芯）

粉紅色絞染布……30×25cm（雛菊圖案）

藤色絞染布……2cm寬斜布條×35cm 4條（葉梗圖案）

綠色漸層布……15×110cm（雛菊花萼・葉片圖案用）

棉襯……60×95cm

布襯……20×110cm

磁釦……直徑1.2cm 1組

燙鑽……適量

◇**作法**

1 於主體表布A製作貼布花，和表布B縫合。縫份自然倒向表布B，並畫上壓線記號。

2 補強布、棉襯和表布疊合疏縫後壓線（圖1）。留下1cm縫份後剪掉多餘布料，也以相同作法製作一片本體。

3 表底布和表口布各和補強布及棉襯三層疊合疏縫後壓線，留下1cm縫份修剪多餘布料。

4 縫製提把（圖2）。

5 於步驟**3**的口布疏縫上提把。步驟**2**的主體和口布縫合，完成後縫份自然倒向主體側（圖3）。

6 將步驟**5**的2片包住主體正面相對縫合，再縫合側邊，及接縫底部作出袋狀。

7 貼邊布內面貼上布襯，加上磁釦，兩側邊縫接成筒狀。

8 步驟**6**完成的主體和貼邊布正面相對縫合。

9 縫合2片裡布的側邊，和底部接縫成袋狀。

10 裡布表面朝外放進包體中對齊，袋口側疏縫固定。貼邊布倒往裡布方向，摺出完成大小和裡布接縫（圖3）。

11 在貼布花朵喜歡的位置貼上燙鑽。

尺寸圖

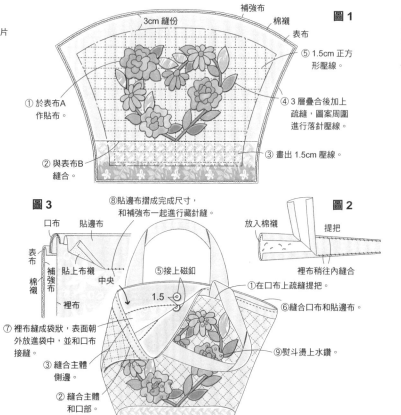

圖1

補強布
棉襯
表布

① 於表布A作貼布
② 與表布B縫合。
③ 畫出 1.5cm 壓線。
④ 3 層疊合後加上疏縫，圖案周圍進行落針壓線。
⑤ 1.5cm 正方形壓線。

3cm 縫份

圖2

放入棉襯
提把
裡布稍往內縫合

圖3

⑧貼邊布摺成完成尺寸，和補強布一起進行藏針縫。

口布　貼邊布
表布
補強布
貼上布襯
裡布
中央

①在口布上疏縫提把。
⑤接上磁釦
⑥縫合口布和貼邊布。
⑨熨斗燙上水鑽。

⑦ 裡布縫成袋狀，表面朝外放進袋中，並和口布接縫。
③ 縫合主體側邊。
② 縫合主體和口部。
④ 縫合底部和主體。

尺寸圖（左側）

44
磁釦位置　提把位置　貼邊布（卡其色絞染布）（布襯）各2片
中央
2
口布
表布（卡其色絞染布）（布襯）各2片
5
7　7
1.2cm 壓線
1.5
補強布（白色）
23
主體表布 A（卡其色絞染布・貼）2片
主體
補強布（白色）（棉襯）各1片
5
主體表布 B（綠色印花布）2片
28

1.5cm 正方形壓線
底部
表布（綠色印花布）（棉襯）
補強布（白）
裡布（黃色印花布）各1片
9
21

44
裡布（黃色印花布）2片
裁剪
30
28

提把表布・裡布（卡其色絞染布）各2片
（棉襯）2片
42
1
2
21
4

※裁剪裡布開口側，提把棉襯的兩側邊，貼邊布的布襯。主體表布A・B和底部裡布的棉襯，補強布需加3cm，其餘則加1cm縫份。

※裁剪主體的棉襯和補強布及表布A和B，各裁剪兩片。

☆圖案布縫份註明於紙型中

森林風拼布包

●原寸紙型 A 面

完成尺寸　長 23.5cm・寬 33cm・側幅寬 10cm

◇**材料**

棉布

　卡其色絞染布……110×60cm（主體表布・貼邊布）

　白布……110×50cm（補強布）

　印花布……110×50cm（裡布）

　淡綠色絞染布……50×60cm（圖案A・D）

　綠色絞染布……40×70cm（圖案B・E）

　粉紅色X黃色絞染布……10×60cm（圖案C）

　淺粉紅色絞染布……10×40cm（圖案C）

棉襯……110×50cm長

布襯……30×30cm

提把……1組

磁釦……直徑1.5cm 1組

燙鑽……適量

◇**作法**

1　裁剪卡其色絞染布的包包主體表布和側幅表布。圖案 A・B・C・D・E則以各色絞染布依紙型裁剪。

2　主體表布放上圖案B，疏縫固定。再依照圖案A・C順序放上後以珠針固定。確定好圖案排列後圖案B周圍進行疏縫，圖案A・C周圍也進行疏縫。

3　圖案B進行貼布縫。接著將圖案A、圖案C依序進行貼布縫。側幅也進行貼布縫。

4　將補強布、棉襯和主體表布三層疊合進行疏縫再壓線（圖1）。拆掉疏縫線後將縫份修剪為1cm，也以相同作法完成側幅。

5　將主體和側幅縫接成袋狀。

6　主體和側幅的貼邊布內面貼上布襯。主體的貼邊布表面加上磁釦，再和側幅的貼邊布縫合。

7　主體表側面以疏縫固定提把。貼邊布正面相對並縫合袋口側（圖2）。

8　縫合主體裡布和側幅裡布完成袋狀。將裡布表面朝外放進包體袋中，袋口側疏縫在包體固定。

9　貼邊布摺入裡布，邊緣摺出完成大小，縫合。

10　調整形狀，在袋口側進行端車縫，於圖案中喜歡的位置貼上燙鑽（圖3）。

尺寸圖

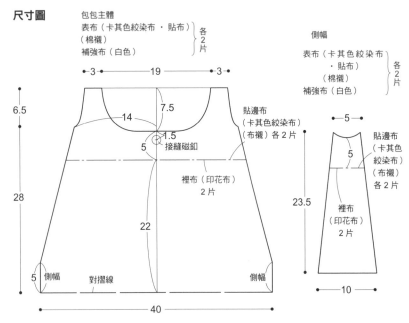

包包主體
表布（卡其色絞染布・貼布）
（棉襯）
補強布（白色）　各2片

側幅
表布（卡其色絞染布・貼布）
（棉襯）
補強布（白色）　各2片

貼邊布（卡其色絞染布）（布襯）各2片

裡布（印花布）2片

3　19　3

6.5

14

7.5

1.5
接縫磁釦

5

28

22

5　側幅

對摺線

側幅

40

貼邊布（卡其色絞染布）（布襯）各2片

裡布（印花布）2片

5

5

23.5

10

※ 貼邊布的布襯、貼邊布、裡布加上1至1.5cm縫份後裁剪，
　 表布、棉襯、補強布加上2至3cm縫份後裁剪。

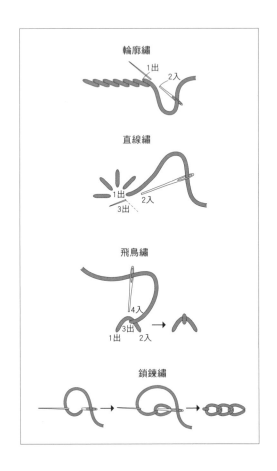

輪廓繡

1出　2入

直線繡

1出　2入　3出

飛鳥繡

4入　3出　1出　2入

鎖鍊繡

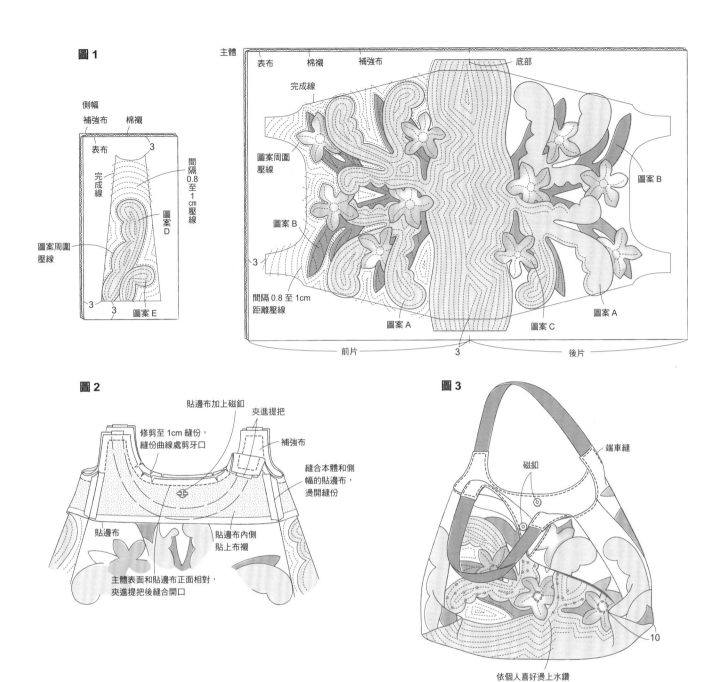

圖 1

側幅
補強布　棉襯
表布
完成線
圖案周圍
壓線
圖案 D
圖案 E
間隔 0.8 至 1cm 壓線
3
3

主體
表布　棉襯　補強布　底部
完成線
圖案周圍
壓線
圖案 B
圖案 B
圖案 A
圖案 C
圖案 A
間隔 0.8 至 1cm 距離壓線
3
3
前片　3　後片

圖 2

貼邊布加上磁釦
夾進提把
修剪至 1cm 縫份，
縫份曲線處剪牙口
補強布
縫合本體和側幅的貼邊布，
燙開縫份
貼邊布
貼邊布內側貼上布襯
主體表面和貼邊布正面相對，
夾進提把後縫合開口

圖 3

磁釦
端車縫
10
依個人喜好燙上水鑽

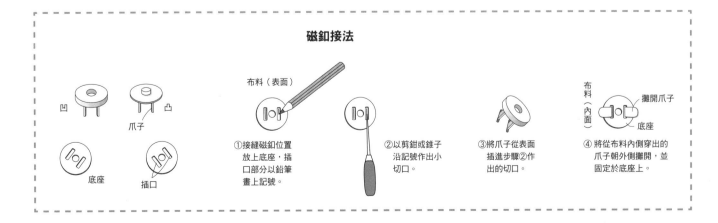

磁釦接法

凹　凸
爪子
底座　插口

布料（表面）
①接縫磁釦位置放上底座，插口部分以鉛筆畫上記號。

②以剪鉗或錐子沿記號作出小切口。

③將爪子從表面插進步驟②作出的切口。

布料（內面）
攤開爪子
底座
④將從布料內側穿出的爪子朝外側攤開，並固定於底座上。

漸層星星&哈囉莓布包

●原寸紙型 C・D 面（縮小 50%）

完成尺寸 長 25cm・ 寬 30cm・ 側幅寬 5cm

◎**材料**

棉布

　紫綠色絞染布……30×35cm（拼布片・葉片圖案布）

　紅色絞染布……30×35cm（拼布片・果實圖案布）

　粉紅色絞染布……30×35cm（拼布片・果實圖案布）

　咖啡色絞染布……30×35cm（拼布片）

　淺咖啡色絞染布……30×35cm（拼布片・葉梗圖案布）

　奶油色絞染布……30×35cm（拼布片）

　印花布a……40×90cm（土台布・提把）

　印花布b……30×90cm（拼布片・側幅表布・貼邊布）

　印花布c……50×90cm（裡布）

　白布……50×110cm（補強布）

棉襯……45×120cm

布襯……15×100cm

燙鑽……適量

◎**作法**

1 以A・B兩種配色各作成漸變星星拼布片6片（圖1）。

2 A・B星星交錯配置，將6片拼布片縫合成拼布塊2片（參考尺寸圖）。

3 夾入土台布縫合步驟2的拼布塊2片，縫製表布。

4 補強布、棉襯和步驟2的表布重疊疏縫後壓線（圖2）。對齊表布，修剪補強布和棉襯的多餘部分。

5 於側幅表布依照葉梗、葉片和果實依序進行貼布縫，再和補強布、棉襯疊合疏縫後壓線（圖3）。共作兩片。和表布對齊，修剪多餘的補強布和棉襯。

6 縫合主體和側幅，完成袋形（圖4）。

7 製作提把（圖5）。

8 製作貼邊布（圖6）。

9 參考圖7，縫合裡布。

10 將裡布外表相對於包包本體內，袋口對齊並疏縫（圖8）。

11 於主體表面疏縫固定提把。貼邊布正面相對後疏縫，縫上完成線（圖8）。

12 貼邊布摺入裡布，邊緣摺出完成大小，與棉襯一起縫合（圖9）。

13 沿土台布印花圖案燙上水鑽。

尺寸圖

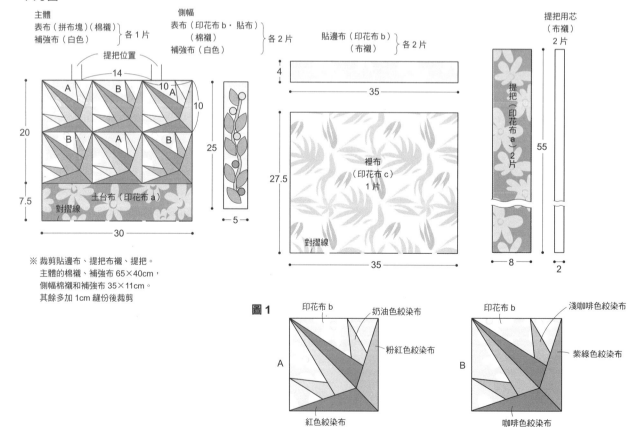

※ 裁剪貼邊布、提把布襯、提把。
　主體的棉襯、補強布 65×40cm，
　側幅棉襯和補強布 35×11cm。
　其餘多加 1cm 縫份後裁剪

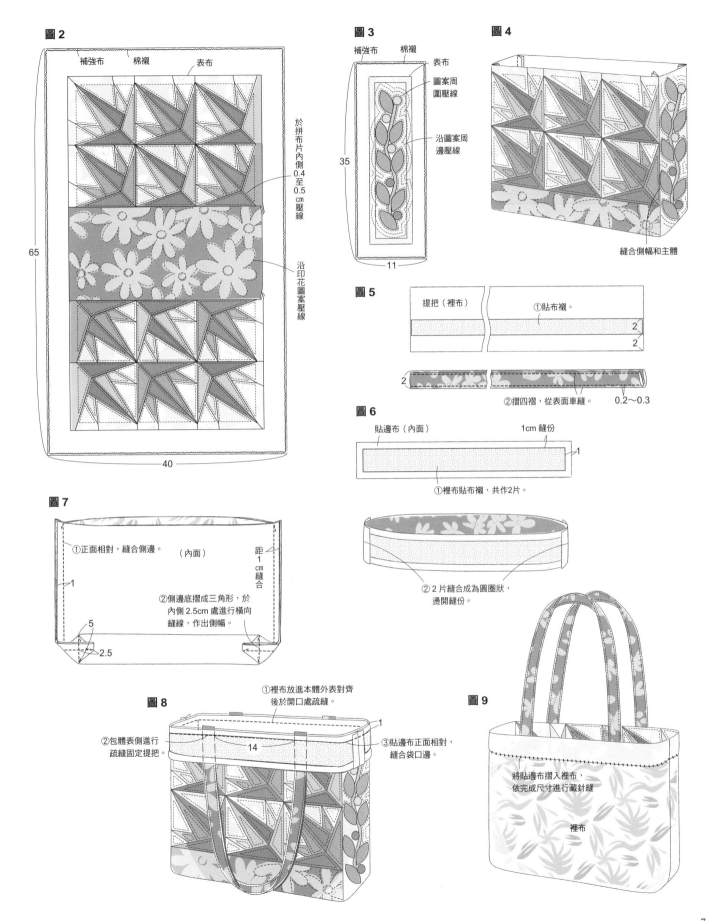

圖2

補強布　棉襯　表布

於拼布片內側0.4至0.5cm壓線

65

40

沿印花圖案壓線

圖3

補強布　棉襯

表布

圖案周圍壓線

沿圖案周邊壓線

35

11

圖4

縫合側幅和主體

圖5

提把（裡布）

①貼布襯。

2
2

2

②摺四褶，從表面車縫。

0.2～0.3

圖6

貼邊布（內面）

1cm縫份

1

①裡布貼布襯，共作2片。

②2片縫合成為圓圈狀，燙開縫份。

圖7

①正面相對，縫合側邊。

（內面）

距1cm縫合

1

②側邊底摺成三角形，於內側2.5cm處進行橫向縫線，作出側幅。

5

2.5

圖8

①裡布放進本體外表對齊後於開口處疏縫。

1

14

②包體表側進行疏縫固定提把。

③貼邊布正面相對，縫合袋口邊。

圖9

將貼邊布摺入裡布，依完成尺寸進行藏針縫

裡布

71

茉莉花環側背包

●原寸紙型 C 面（縮小 50％）

完成尺寸　長 46cm・寬 36cm・側幅寬 8cm

◎**材料**

棉布
　印花布……50×110cm（表布）
　粉紅色絞染布……20×110cm（花朵圖案布）
　黃色絞染布……20×110cm（花朵圖案布）
　印花布……50×110cm（裡布）
　白布……50×110cm（補強布）
　印花布……5×300cm（斜布條）
棉襯……50×110cm
燙鑽……適量

◎**作法**

1 依紙型以粉紅色絞染布剪花朵圖案16片、黃色絞染布18片。

2 印花布上畫出前片和後片的表布完成線。花朵圖案以珠針固定並疏縫，確認整體感（圖1）。

3 先在貼布縫的花朵圖案周圍進行疏縫。剩下的圖案布料則將和其他圖案重疊部分疏縫1至2針固定，其餘則在周圍加上疏縫（圖2）。

4 由下方圖案開始縫合。拆掉第一片花朵重疊部分的疏縫線，以針將布邊（約0.3cm）摺入內側後進行藏針縫。

5 第2至17片圖案布依序縫合。拆掉疏縫線再進行疏縫再作貼布縫。後片也相同方式製作貼布縫，完成表布。

6 於表布壓線。補強布、棉襯、表布疊合疏縫後壓線，縫製主體。

7 拆掉疏縫線，側邊和底部各加1cm縫份後裁剪，提把布外側依完成線裁剪，內側則依圖3粗略裁剪（圖3）。

8 包包主體從提把處對摺正面相對，以半回針縫縫合側邊。沿縫目邊緣修剪棉襯，將底部縫份倒向一側，連同棉襯一併以疏縫固定。

9 縫合主體底部，沿縫目邊緣剪棉襯，再將底部縫份倒向一側，接下來縫合側幅，另將提把內側依紙型裁剪（圖4）。

10 裡布則依紙型加上1cm縫份裁剪，縫合側邊和底部、側幅完成袋形。

11 為了避免裡布移動，包包主體和裡布正面相對合，側幅縫份外側以疏縫固定（圖5）。

12 翻出裡布將主體表布朝外，整理形狀。重疊主體和裡布的提把部分，於內側0.5cm處進行疏縫。提把部分以斜布條進行滾布邊（圖6）。

13 花朵圖案中心貼上燙鑽。

尺寸圖

主體
表布（印花布 ・ 貼布）
　　（棉襯）
補強布（白色）　　各1片
裡布（印花布）

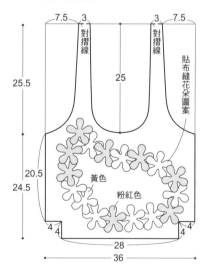

黃色
粉紅色

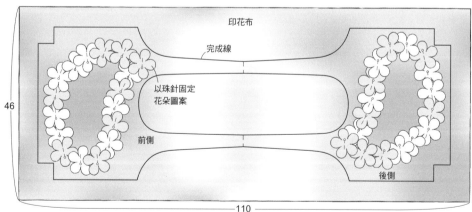

圖 1

印花布
完成線
以珠針固定花朵圖案
前側
後側

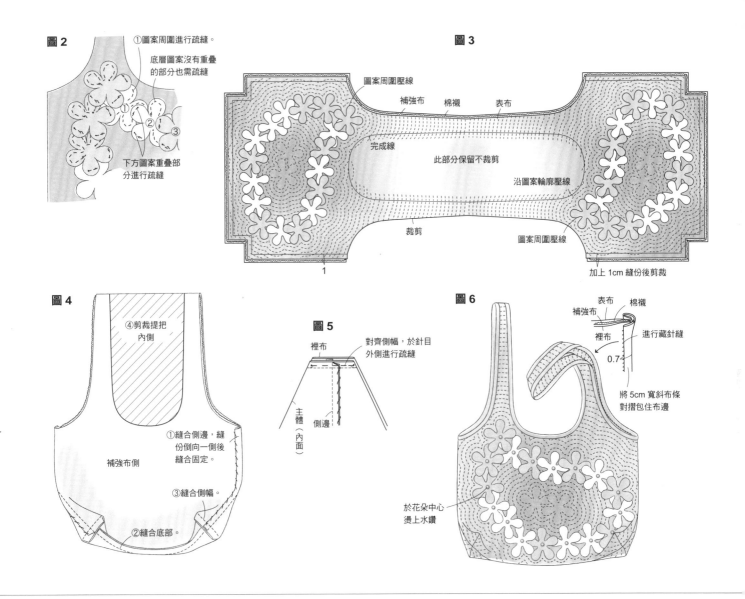

作品圖 *13*
夏威夷風拼布包

●原寸紙型C面（縮小50%）

完成尺寸 長32.5cm・ 寬39cm・ 底寬8.5×28cm

◇**材料**

棉布

　白布……60×100cm（主體・底部・提把表布・貼邊布）

　印花布……35×100cm（主體・底部裡布）

　白布……40×100cm（補強布）

　黃色絞染布……35×35cm（鳳梨圖案）

　藍色絞染布……35×35cm（麥穗圖案）

　深粉紅絞染布……60×35cm（野薑花圖案・提把裡布）

羊毛氈……4×60cm（提把用芯）

棉襯……45×120cm

布襯……15×50cm

燙鑽……適量

◇**作法**

1 裁剪各圖案布料。鳳梨圖案選擇黃色，麥穗圖案選擇藍色，野薑花圖案則選擇深粉紅色絞染布。

2 包包主體前後片表布依紙型加1cm縫份後裁剪，貼布縫上圖案布料。貼布位置請參考尺寸圖，可依喜好選擇貼布位置。

3 主體前後片、底部都以補強布、棉襯和表布疊合後疏縫並壓線（圖1）。修剪掉多餘的棉襯和補強布。

4 主體前後片、底部畫上記號（參考紙型）。前後片正面相對後並和側邊縫合。底部對齊記號以珠針固定，各珠針間再以細珠針固定後縫合（圖3）。

5 縫製提把（圖2）。縫合主體表布（圖3）。

6 貼邊布貼上布襯，在主體表布開口邊和表布正面相對，縫合標記位置（圖3）。

7 裁剪裡布並縫成袋狀，裡袋與表袋套合，開口處以疏縫固定（圖4）。

8 貼邊布翻往裡布側。側邊的縫份寬度配合包包主體寬度調整後摺疊縫合，下方的縫份則依成完成尺寸摺入，並和補強布一同縫合（圖4）。

9 於圖案上喜歡的位置燙上水鑽。

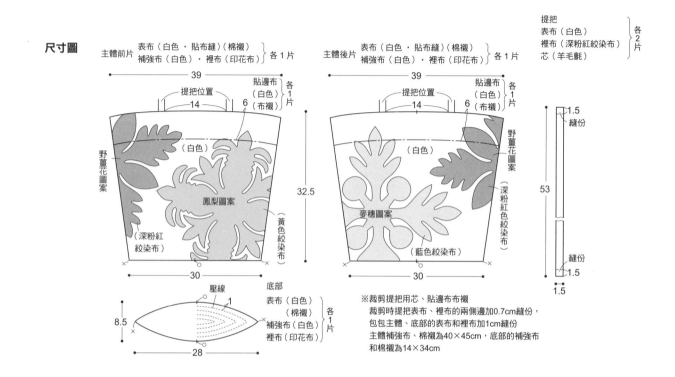

尺寸圖

主體前片　表布（白色・貼布縫）（棉襯）
　　　　　補強布（白色）・裡布（印花布）}各1片

提把位置　14　貼邊布（白色）（布襯）}各1片
　　　　　6

39

野薑花圖案

（白色）

鳳梨圖案

（深粉紅絞染布）

（黃色絞染布）

32.5

30

主體後片　表布（白色・貼布縫）（棉襯）
　　　　　補強布（白色）・裡布（印花布）}各1片

提把位置　14　貼邊布（白色）（布襯）}各1片
　　　　　6

39

野薑花圖案

（白色）

麥穗圖案

（深粉紅色絞染布）

（藍色絞染布）

30

提把
表布（白色）
裡布（深粉紅絞染布）}各2片
芯（羊毛氈）

1.5　縫份

53

縫份　1.5

1.5

壓線　1

底部
表布（白色）（棉襯）
補強布（白色）
裡布（印花布）}各1片

8.5

28

※裁剪提把用芯、貼邊布布襯
裁剪時提把表布、裡布的兩側各加0.7cm縫份，
包包主體、底部的表布和裡布加1cm縫份
主體補強布、棉襯為40×45cm，底部的補強布和棉襯為14×34cm

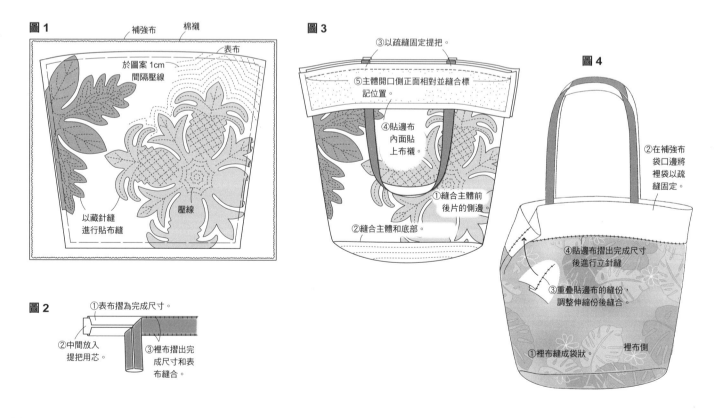

圖1

補強布　棉襯

表布

於圖案1cm間隔壓線

以藏針縫進行貼布縫

壓線

圖2

①表布摺為完成尺寸。

②中間放入提把用芯。

③裡布摺出完成尺寸和表布縫合。

圖3

③以疏縫固定提把。

⑤主體開口側正面相對並縫合標記位置。

④貼邊布內面貼上布襯。

①縫合主體前後片的側邊。

②縫合主體和底部。

圖4

②在補強布袋口邊將裡袋以疏縫固定。

④貼邊布摺出完成尺寸後進行立針縫

③重疊貼邊布的縫份，調整伸縮份後縫合。

①裡布縫成袋狀。

裡布側

作品圖 *16*
鍾意的迷你波士頓包

●原寸紙型 A 面

完成尺寸 長 15cm・寬 34cm・側幅 12cm

◎**材料**

厚棉布 卡其色……110×50cm

（主體表布・口布・側幅 A・B・提把・布環）

棉布

　藍染布5種……各適量（圖案布料）

　印花布……90×35cm（裡布）

　白布……110×50cm（補強布）

棉襯……110×50cm

羊毛氈……6×55cm（提把用芯）

拉鍊……長度45cm 1條

燙鑽……適量

◎**作法**

1 參照尺寸圖和紙型裁剪布料。

2 在前後主體表布上，依葉片、花朵圖案依序作貼布縫，貼布位置參考尺寸圖。

3 將補強布、棉襯和主體表布疊合疏縫後壓線，邊緣的縫份修剪成1cm。

4 製作口布時請依圖示將三層布料疊合後壓線，加1cm縫份後修剪多餘部分。再參考圖1縫上拉鍊。

5 側幅A・B各將三層布料疊合後壓線（參考尺寸圖），加上1cm縫份後修剪布料。

6 製作提把和布環（圖2・圖3）。

7 布環對摺，疏縫於口布表面兩端。

8 側幅B的兩端接縫上側幅A，接著再和口布縫合成筒狀（如圖2）。

9 包包主體表面疏縫提把，將側幅、口布部分和主體縫合完成包袋，將縫份倒向主體一側，連棉襯一同進行疏縫。

10 縫合側幅裡布，口布邊的縫份摺入完成尺寸，縫合在口布縫目邊緣。兩邊側邊的縫份倒向主體一側進行疏縫（圖4）。

11 縫合主體裡布，對齊主體摺入縫份並縫合（圖4）。

12 於個人喜好位置加上燙鑽。

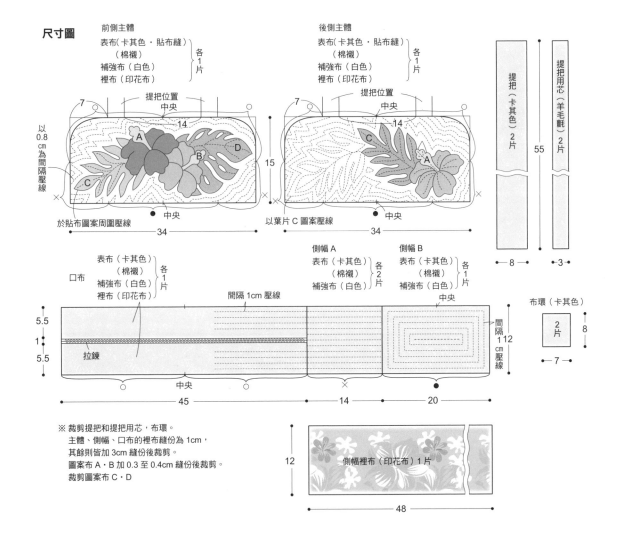

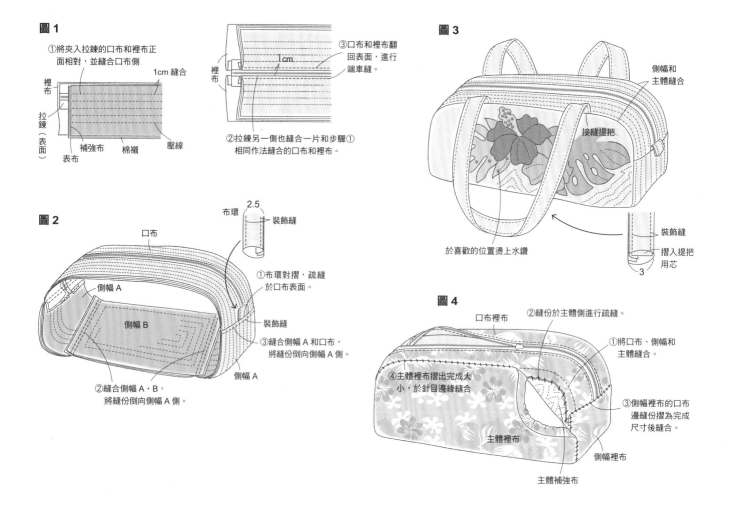

圖1

①將夾入拉鍊的口布和裡布正面相對，並縫合口布側

裡布

拉鍊（表面）

補強布　棉襯　表布　壓線

1cm 縫合

裡布

1cm

③口布和裡布翻回表面，進行端車縫。

②拉鍊另一側也縫合一片和步驟① 相同作法縫合的口布和裡布。

圖2

口布

側幅A

側幅B

側幅A

②縫合側幅A・B，將縫份倒向側幅A側。

布環　2.5

裝飾縫

口布

①布環對摺，疏縫於口布表面。

裝飾縫

③縫合側幅A和口布，將縫份倒向側幅A側。

圖3

側幅和主體縫合

接縫提把

於喜歡的位置燙上水鑽

裝飾縫

摺入提把用芯

3

圖4

口布裡布

②縫份於主體側進行疏縫。

①將口布、側幅和主體縫合。

④主體裡布摺出完成大小，於針目邊緣縫合

③側幅裡布的口布邊縫份摺為完成尺寸後縫合。

主體裡布

側幅裡布

主體補強布

作品圖 *22*

草裙舞女郎側肩包

●原寸紙型 A 面

完成尺寸　長 25cm・寬 40cm・側幅寬 14cm

◇**材料**

棉布

印花布a……110×35cm（拼布片・側幅）

印花布b……70×60cm（裡布）

印花布c……15×70cm寬斜布條（提把）

白布……70×70cm（補強布）

碎布片數種……各適量（布片）

棉襯……70×70cm

棉繩……粗1.5cm・長125cm（提把用芯）

燙鑽……適量

◇**作法**

1 圖案A・B・C各作兩片。

2 參考尺寸圖拼縫主體表布。補強布、棉襯和表布疊合疏縫後壓線。周圍的縫份修剪剩1cm。

3 側幅也是三層疊合後壓線。作2片側幅，四周縫份留下1cm後修剪。

4 主體的兩側邊縫上側幅，作成袋型。

5 裡布縫出袋型，留下返口不縫（圖1）。

6 表布和裡布正面相對，開口側進行捲針縫。從裡布的返口翻回表面，縫合返口。。

7 裡布放在表布內整理形狀。在開口側下方0.5cm處進行端車縫（或是星止縫）（圖2）。

8 參考圖2製作提把。放在袋形的裡布邊，兩端確實與棉襯一起縫合。

9 將提把夾入袋口邊，依圖3標示摺疊，並從表布車縫固定（圖3）。

10 側幅位置的袋口邊也作摺疊，沿端車縫的針目車縫固定（或是回針縫）（圖3）。

11 於主體前方中央喜歡位置黏上燙鑽。

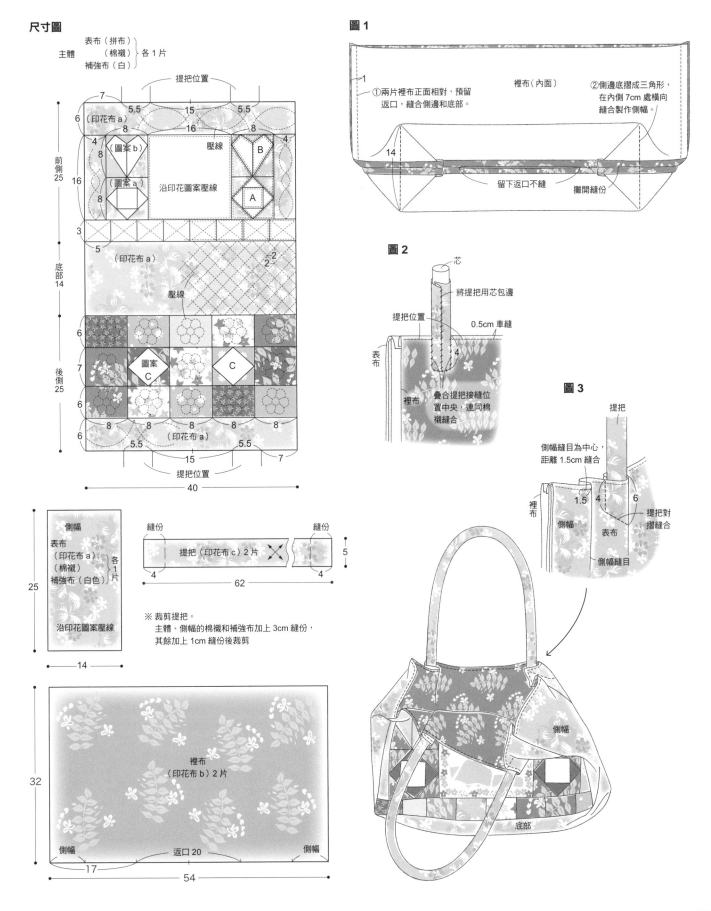

尺寸圖

主體 { 表布（拼布）
　　　 （棉襯）　各 1 片
　　　 補強布（白）

提把位置

7
5.5　　　15　　　5.5
6 （印花布 a）
8　　　16　　　8
4　　　　　　　　　　　4
（圖案 b）　　　壓線　　　B
8
16　（圖案 a）　沿印花圖案壓線　A
8

前側 25

3
5
（印花布 a）
2
2
壓線

底部 14

6
7　圖案 C　　　C
6
8　　8　　8　　8　　8
6　（印花布 a）
5.5　　　　　　5.5
15　　　7
提把位置

後側 25

40

側幅
表布
（印花布 a）
（棉襯）　各 1 片
補強布（白色）
沿印花圖案壓線

25

14

縫份　　　　　　　　　縫份
提把（印花布 c）2 片
5
4　　　　62　　　　4

※ 裁剪提把。
主體、側幅的棉襯和補強布加上 3cm 縫份，
其餘加上 1cm 縫份後裁剪

裡布
（印花布 b）2 片

32

側幅　　　返口 20　　　側幅
17　　　　54

圖 1

裡布（內面）

① 兩片裡布正面相對，預留
返口，縫合側邊和底部。

② 側邊底摺成三角形，
在內側 7cm 處橫向
縫合製作側幅。

1
14
留下返口不縫　　攤開縫份

圖 2

芯
將提把用芯包邊
提把位置
0.5cm 車縫
4
表布
裡布
疊合提把接縫位
置中央，連同棉
襯縫合

圖 3

提把
側幅縫目為中心，
距離 1.5cm 縫合
裡布
側幅
1.5　4　6
表布
提把對
摺縫合
側幅縫目

側幅
底部

蜘蛛蘭大包包

●原寸紙型 C 面（縮小 50％）

完成尺寸　長 32cm・寬 30cm・底寬 8×25cm

◎**材料**

棉布

　藍色絞染布……90×60cm（主體表
　　布・底部表布・貼邊布・提把）

　印花布……50×65cm（主體裡布・
　　底部裡布・口袋）

　白布……110×40cm（補強布）

　絞染布3款・原色布1款……各適量
　　（圖案用布）

羊毛氈……5×50cm（提把用芯）

棉襯……70×50cm

布襯……6×60cm

25號繡線玫瑰紅……適量

燙鑽……適量

◎**作法**

1　主體表布進行貼布和刺繡。

2　補強布、棉襯和主體表布疊合疏縫後壓線（參考尺寸圖），對齊表布修剪多餘布料。

3　底部也將三層布料疊合疏縫後壓線，對齊表布修剪多餘布料。

4　主體正面相對，縫合側邊，和底部縫合作出袋狀，完成表袋。

5　參考圖1縫製兩條提把，於主體袋口側表面疏縫。

6　貼邊布貼上布襯，縫成圓形作出筒狀，攤開縫份。表袋的袋口側和貼邊布正面相對後縫合。

7　於裡布縫上口袋，縫合側邊攤開縫份，並和底部接縫完成裡袋。

8　將裡袋和表袋套合，在袋口側進行疏縫。

9　貼邊布摺入裡布，下端摺出完成尺寸，連棉襯一起縫合（圖2）。

10　整理形狀，開口側進行端車縫。於壓線上燙上適量水鑽（圖3）。

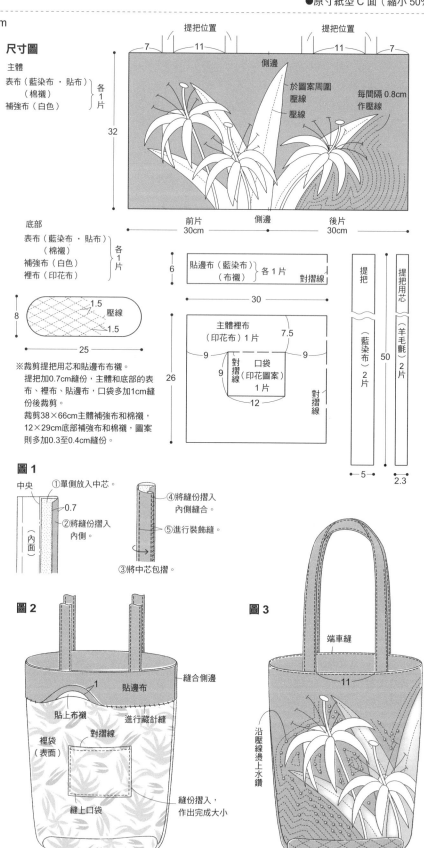

尺寸圖

主體
表布（藍染布・貼布）
（棉襯）
補強布（白色）　各1片

側邊　於圖案周圍壓線

每間隔 0.8cm 作壓線

壓線

提把位置　7　11　提把位置　11　7

32

前片 30cm　側邊　後片 30cm

底部
表布（藍染布・貼布）
（棉襯）
補強布（白色）
裡布（印花布）　各1片

6

貼邊布（藍染布）（布襯）　各1片　對摺線

30

1.5　壓線　8　1.5　25

主體裡布（印花布）1片　7.5

9　對摺線　口袋（印花圖案）1片　9

26　9　12　對摺線

提把　（藍染布）2片　5

提把用芯（羊毛氈）2片　2.3　50

※裁剪提把用芯和貼邊布布襯。
提把加0.7cm縫份，主體和底部的表布、裡布、貼邊布，口袋多加1cm縫份後裁剪。
裁剪38×66cm主體補強布和棉襯，12×29cm底部補強布和棉襯，圖案則多加0.3至0.4cm縫份。

圖 1

中央　①單側放入中芯。　0.7
②將縫份摺入內側。
（內面）
③將中芯包摺。
④將縫份摺入內側縫合。
⑤進行裝飾縫。

圖 2

縫合側邊　貼邊布　1
貼上布襯　進行藏針縫
裡袋（表面）　對摺線
縫上口袋　縫份摺入，作出完成大小

圖 3

端車縫　11　沿壓線燙上水鑽

扶桑花大托特包

完成尺寸 長 42cm・ 寬 42cm・ 底直徑 19cm

◇**材料**

棉布

　黑色絞染布……90×110cm（主體表布・底部表布・貼邊布・提把）

　絞染布4款……各適量（花朵・葉片圖案）

　印花布……90×75cm（主體裡布・底部裡布）

　白布……90×75cm（主體・底部補強布）

布襯……6×85cm

棉襯……90×75cm

羊毛氈……8×60cm（提把用芯）

燙鑽……適量

◇**作法**

1 參考尺寸圖在主體表布上依自己喜歡的位置放置葉片描圖，上方再描繪扶桑花。

2 將葉片和花朵圖案加上0.3至0.5cm縫份後裁剪。

3 參考P.54，從最下層的葉片開始貼縫（依照尺寸圖至順序）。側邊部分的貼布縫則在側邊完成後縫製，接著貼布縫花朵。

4 將補強布、棉襯和步驟**3**完成的表布疊合疏縫後壓線。補強布和棉襯對齊表布後修剪多餘布料。

5 底部和補強布、棉襯和表布疊合疏縫後壓線，並對齊表布修剪多餘布料。

6 縫合主體側邊，完成剩下貼布縫。底端則抓出橫褶後疏縫（圖1），並和底部接合。

7 縫製提把（圖2），固定於主體袋口側的表面。

8 貼邊布內面貼上布襯，在主體袋口邊正面相對疊合，並縫合標記位置。

尺寸圖

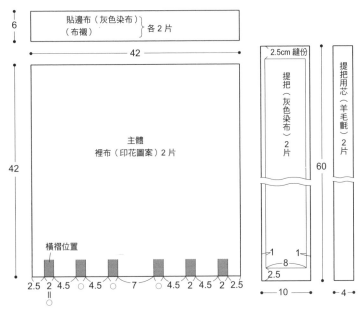

貼邊布（灰色染布）（布襯）各 2 片

主體 裡布（印花圖案）2 片

6　42

42

2.5cm 縫份

提把（灰色染布）2 片

提把用芯（羊毛氈）2 片

60

橫褶位置

2.5　2　4.5　○　4.5　○　7　○　4.5　2　4.5　2　2.5

1　1　8　2.5

10　4

主體　表布（灰色染布・貼布）（棉襯）　補強布（白色）各 1 片

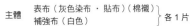

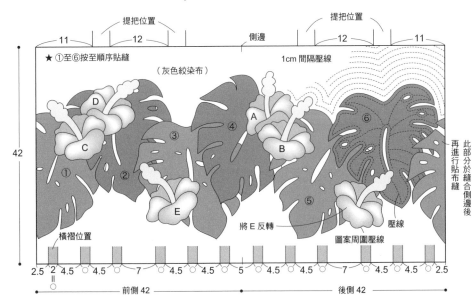

進行壓線

底部 表布（灰色染布）（棉襯）補強布（白色）裡布（印花布）各 1 片

依圖案 E 的輪廓進行壓線

19

提把位置　11　12

側邊　提把位置　12　11

★①至⑥按至順序貼縫

（灰色絞染布）

1cm 間隔壓線

42　再進行貼布縫　此部分於縫合側邊後

D　A　④　⑥　③　C　B　①　②　⑤　E

將 E 反轉

壓線

圖案周圍壓線

橫褶位置

2.5　2　4.5　○　4.5　○　7　○　4.5　○　5　○　4.5　○　4.5　○　7　○　4.5　2　4.5　2　2.5

前側 42　後側 42

※按尺寸圖將提把加上縫份，提把用芯、貼邊布布襯皆裁剪　主體、底部的表布和裡布，貼邊布加上1cm縫份後裁剪　裁剪48×90cm主體補強布和棉襯，25×25cm底部補強布和棉襯，葉片和花朵圖案加上0.3至0.5cm縫份後裁剪

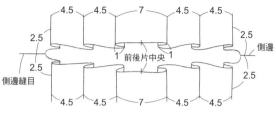

圖1　主體的橫褶作法

4.5　4.5　　7　　4.5　4.5

2.5　　　　　　　　　　　　　2.5　側邊

1　前後片中央　1

側邊縫目

2.5　　　　　　　　　　　　　2.5

4.5　4.5　　7　　4.5　4.5

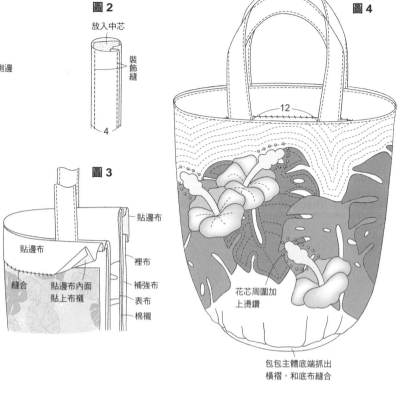

圖2

放入中芯

裝飾縫

4

圖4

12

花芯周圍加上燙鑽

包包主體底端抓出橫褶，和底布縫合

圖3

貼邊布

縫合　貼邊布內面貼上布襯

貼邊布

裡布

補強布

表布

棉襯

9 縫合兩片主體裡布的側邊，底端抓出橫褶和底部接縫作裡袋。

10 將裡袋和表袋套合，在袋口側進行疏縫固定。

11 貼邊布往裡布方向，對照主體寬度將側邊縫份往內摺縫合。下端摺成完成大小連補強布一起縫合（圖3）。

12 花朵花芯周圍燙上水鑽（圖4）。

作品圖 *17*

曼陀蘿側背水桶包

●原寸紙型 C 面（縮小 50%）

完成尺寸　長 20cm・寬 38cm・底 13.5×29.7cm

◇**材料**

棉布

　黑色絞染布……90×110cm

　　（主體表布・底部表布・貼邊布・提把表布和裡布）

　粉紅色絞染布……25×55cm（花朵圖案）

　橙紅色絞染布……20×55cm（花朵圖案）

　綠色絞染布……30×55cm（葉片圖案）

　淺綠色絞染布……20×35cm（葉片圖案）

　白布……110×110cm（補強布・白布）

　印花布……60×110cm（裡布）

棉襯……60×110cm

布襯……60×50cm

磁釦……直徑1.5cm 1組

透明環……內徑4.5cm 2個

燙鑽……適量

◇**作法**

1 於表布進行挖縫（參考P.63至P.64）。共製作兩片表布。

2 補強布、棉襯和表布疊合疏縫後壓線。共製作兩片表布。兩片主體都加上1cm縫份後裁剪。

3 大略裁剪土台布，和棉襯、補強布疊合疏縫後壓線。加上1cm縫份後裁剪多餘布料。

4 貼邊布內面燙上布襯，中央接上磁釦。共製作兩片（圖3）。

5 兩片主體正面相對後縫合側邊作成筒狀，再縫合底部。翻回表面，完成表袋。

6 貼邊布與表袋正面相對，縫合完成線（圖4）。

7 裡布縫成袋狀。表袋翻到內面和裡袋背面相對，於袋口側疏縫。貼邊布摺入裡布方向，布邊摺成完成大小，和補強布接縫裡袋（圖5）。

8 製作提把（圖6）。

9 袋子和提把兩端穿上圈圈，摺入內側後縫合（圖7）。

10 於喜歡的位置燙上水鑽（圖7）。

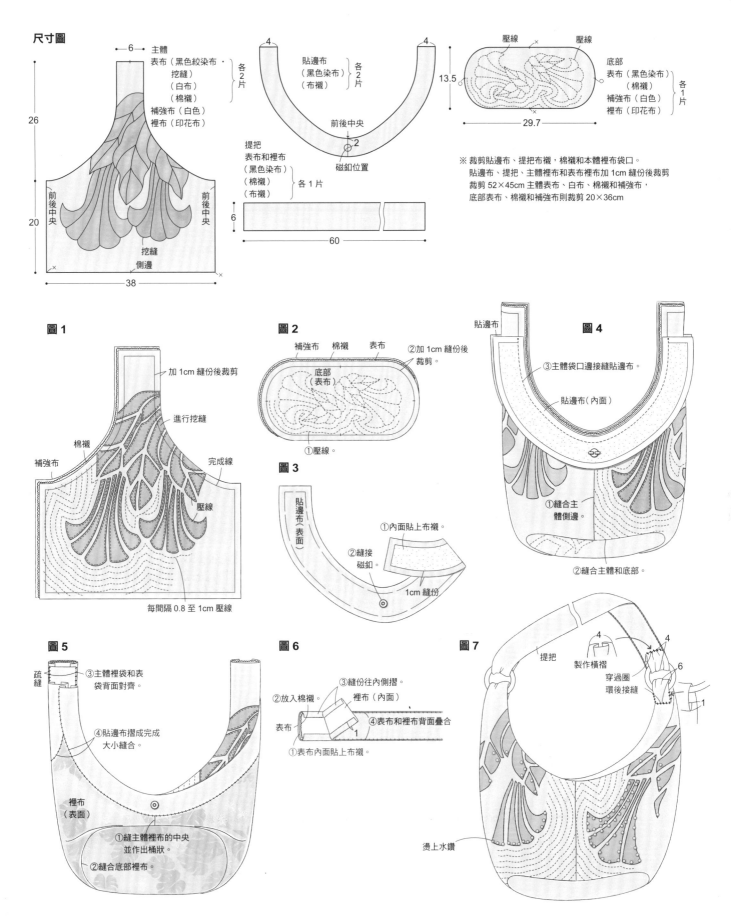

尺寸圖

主體
表布（黑色紋染布・挖縫）
（白布）
（棉襯）
補強布（白色）
裡布（印花布）
各2片

貼邊布
（黑色染布）
（布襯）
各2片

底部
表布（黑色染布）
（棉襯）
補強布（白色）
裡布（印花布）
各1片

壓線　壓線

前後中央
前後中央
挖縫
側邊

26
20
38
6

4　4
貼邊布
前後中央
磁釦位置
13.5
29.7

提把
表布和裡布
（黑色染布）
（棉襯）
（布襯）
各1片

6
60

※ 裁剪貼邊布、提把布襯，棉襯和本體裡布袋口。
　貼邊布、提把、主體裡布和表布裡布加1cm縫份後裁剪
　裁剪 52×45cm 主體表布、白布、棉襯和補強布，
　底部表布、棉襯和補強布則裁剪 20×36cm

圖1
加1cm縫份後裁剪
進行挖縫
棉襯
補強布
完成線
壓線
每間隔0.8至1cm壓線

圖2
補強布　棉襯　表布
底部（表布）
②加1cm縫份後裁剪。
①壓線。

圖3
貼邊布（表面）
②縫接磁釦。
①內面貼上布襯。
1cm縫份

圖4
貼邊布
③主體袋口邊縫貼邊布。
貼邊布（內面）
①縫合主體側邊
②縫合主體和底部。

圖5
疏縫
③主體裡袋和表袋背面對齊。
④貼邊布摺成完成大小縫合。
裡布（表面）
①縫主體裡布的中央並作出桶狀。
②縫合底部裡布

圖6
②放入棉襯。
③縫份往內側摺。
裡布（內面）
表布
④表布和裡布背面疊合
①表布內面貼上布襯
1

圖7
提把
製作橫褶
4　4
穿過圈環後接縫
6
1
燙上水鑽

芭蕾伶娜玫瑰肩背包

●原寸紙型 C 面（縮小 50%）

完成尺寸　長 20cm・ 寬 30cm・ 側幅寬 8cm

◇材料

棉布

淺綠色絞染布……70×110cm（主體表布・側幅表布・提把表布和裡布）

印花布……70×55cm（主體裡布・側幅裡布・貼邊布）

粉紅色絞染布……25×25cm（花朵圖案）

深粉紅色絞染布……25×25cm（花朵圖案）

黃色絞染布……10×10cm（花芯圖案）

綠色絞染布……30×25cm（葉片和葉梗）

亮綠色絞染布……30×15cm（葉片）

羊毛氈……6×60cm（提把用芯）

棉襯……70×45cm

布襯……15×50cm

磁釦……直徑1.5cm 1組

燙鑽……適量

◇作法

1. 縫製包包主體。將已貼縫圖案的表布、棉襯和補強布疊合後壓線，加1cm縫份後修剪周圍多餘布料，共製作兩片。

2. 對合主體表布來裁剪裡布。主體補強布側和表面朝外重疊縫合（完成線的外側）。

3. 貼邊布內面貼上布襯，接上磁釦。和主體正面相對縫合，並接縫袋口。將貼邊布翻往裡布方向，下方摺成完成大小，和棉襯一起縫合。

4. 製作側幅和提把。表布上描繪壓線圖案，將三層布料疊合後壓線，加1cm縫份再修剪多餘布料。共製作兩片，再接縫後作出圓狀。

5. 包包主體底部中央和側幅底部縫目對齊，正面相對後，以珠針固定到袋口位置。以同樣作法製作對邊，再以半回針縫縫合。

6. 側幅的另一邊以相同作法縫合另一片主體。

7. 提把內側放進羊毛氈當作芯，以斜線縫縫合。

8. 提把裡布的兩側邊摺出完成尺寸，表面朝外和提把內側疊合並接縫兩側邊。

9. 側幅裡布摺成完成大小，放在側幅的補強布方向縫合。

10. 於花芯周圍燙上水鑽。

尺寸圖

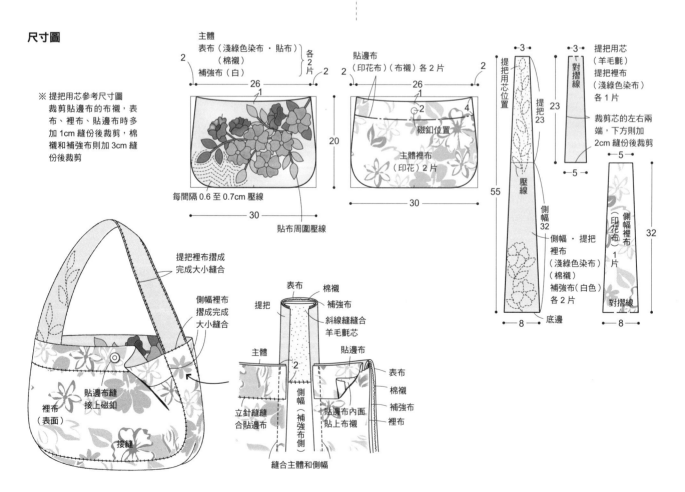

※ 提把用芯參考尺寸圖　裁剪貼邊布的布襯，表布、裡布、貼邊布時多加 1cm 縫份後裁剪，棉襯和補強布則加 3cm 縫份後裁剪

主體
表布（淺綠色染布・貼布）（棉襯）
補強布（白）各 2 片

每間隔 0.6 至 0.7cm 壓線

貼布周圍壓線

貼邊布
（印花布）（布襯）各 2 片

磁釦位置

主體裡布（印花）2 片

提把用芯位置

提把 23

壓線

側幅 32

側幅・提把裡布（淺綠色染布）（棉襯）補強布（白色）各 2 片

底邊

提把用芯（羊毛氈）

提把裡布（淺綠色染布）各 1 片

裁剪芯的左右兩端，下方則加2cm 縫份後裁剪

對摺線

側幅裡布（印花布）1 片

對摺線

提把裡布摺成完成大小縫合

側幅裡布摺成完成大小縫合

貼邊布縫接上磁釦

裡布（表面）

接縫

表布
棉襯
補強布
提把
斜線縫縫合羊毛氈芯

主體

貼邊布

表布
棉襯
補強
裡布

立針縫縫合貼邊布

側幅（補強布側）

貼邊布內面貼上布襯

縫合主體和側幅

作品圖 *23*

結實累累葡萄托特包

●原寸紙型 C 面（縮小 50%）

完成尺寸 長 35cm‧寬 40cm‧側幅寬 10cm

◇**材料**

棉布

　　咖啡色絞染布……90×110cm

　　　（主體表布‧貼邊布‧提把表布‧提把裡布‧繩結）

　　綠色系印花漸層布……25×110cm（葉片）

　　綠色絞染布……25×55cm（葉片）

　　藤色絞染布……25×55cm（葡萄圖案）

　　印花布……55×110cm（主體裡布）

　　白布……90×110cm（白布‧補強布）

棉襯……56×90cm

布襯……20×50cm

羊毛氈……9×60cm（提把用芯）

鈕扣……直徑2.5cm 1顆

燙鑽……適量

◇**作法**

1 參考尺寸圖裁剪主體表布，進行挖布縫（參考P.63至P.64）。將補強布、棉襯和表布疊合後疏縫，以1cm距離進行周邊壓線。預留1cm縫份裁修剪布料。

2 主體正面相對對摺，縫合側邊和底部側幅作成袋狀（圖1）。再翻回表面。

3 參考圖2製作貼邊布。此時請配合完成壓線包包主體的寬度調整尺寸。

4 縫製提把（圖3）和繩結（圖4）。

5 於表布上疏縫提把和繩結（圖5）。

6 將裡布正面相對對摺，縫合側邊和底部側幅作成袋狀。將裡袋和表袋套合，疏縫開口周圍。

7 主體和貼邊布正面相對，縫合開口側。貼邊布依完成大小摺入裡布，並和棉襯一起縫合（圖6）。

8 翻回表面，前片接縫鈕釦。於喜歡位置燙上水鑽。

尺寸圖

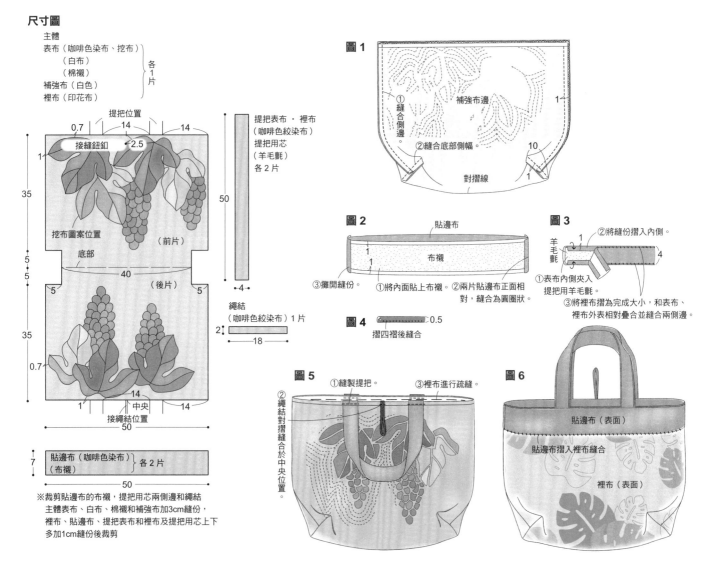

※裁剪貼邊布的布襯，提把用芯兩側邊和繩結
　主體表布、白布、棉襯和補強布加3cm縫份，
　裡布、貼邊布、提把表布和裡布及提把用芯上下
　多加1cm縫份後裁剪

法國玫瑰手拿包

●原寸紙型 B 面

完成尺寸 長 11.5cm・寬 23cm・側幅寬 2cm

◇**材料**

棉布

　粉紅色絞染布……35×55cm（表布・斜布條）

　絞染布3款……各適量（圖案）

　白布……30×30cm（白布）

　印花布……30×30cm（裡布）

棉襯……30×30cm

拉鍊……長30cm 1條

燙鑽……適量

◇**作法**

1 挖縫表布（參考P.63至P.64）。

2 將裡布、棉襯和表布疊合後疏縫再進行壓線。完成包包主體。

3 裁剪4cm寬粉紅色絞染布的斜布條。

4 主體和完成對齊修後剪掉多餘布料，再以斜布條包邊結束。

5 主體裡面朝外對摺，側邊對合，縫至7cm長度。接下來製作底部側幅（圖1）。

6 參考圖2於開口裝上拉鍊。

7 翻回正面，於花朵圖案中心燙上水鑽（圖3）。

尺寸圖

主體
表布（粉紅色絞染布・挖縫） 各
　　（白布）（棉襯） 1
裡布（印花布） 片

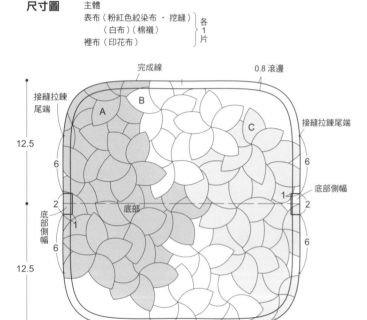

完成線　　　0.8 滾邊

接縫拉鍊尾端　　　A　B

12.5

6　　　C

接縫拉鍊尾端

底部側幅

6

2　底部　　　1　　1　2

底部側幅　　　1

6　　　6

12.5

25

※ 表布、白布、棉襯和裡布接上 2cm 縫份後裁剪

圖1

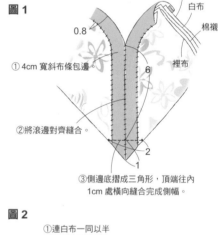

表布
白布
棉襯
裡布

0.8　　　6

①4cm 寬斜布條包邊。

②將滾邊對齊縫合。

③側邊底摺成三角形，頂端往內
　1cm 處橫向縫完成側幅。

2
1

圖2

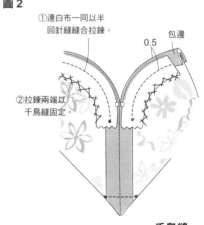

①連白布一同以半
　回針縫縫合拉鍊。

包邊

0.5

②拉鍊兩端以
　千鳥縫固定。

圖3

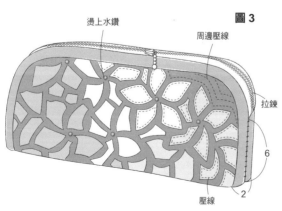

燙上水鑽　　　周邊壓線

拉鍊

6

2

壓線

千鳥縫

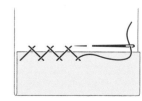

蕾芙亞長方形手拿包

完成尺寸 長 8cm・寬 15cm・側幅寬 8cm

◇**材料**

棉布

　黑色絞染布……40×45cm（表布・橫褶）

　紅色絞染布……30×18cm（花朵圖案）

　綠色絞染布……30×18cm（葉片圖案）

　白布……40×45cm（補強布）

　印花布……40×45cm（裡布）

棉襯……40×45cm

拉鍊 黑色……長20cm 1條

燙鑽……適量

◇**作法**

1 依紙型以紅色染布剪兩片花朵圖案，綠色染布剪兩片葉片圖案。

2 參考尺寸圖製作主體紙型。黑色絞染布剪表布，依紙型描繪輪廓線（參考尺寸圖）。

3 表布的底部中央和葉片中央對齊，以珠針固定。再將花朵放入葉片底下，以珠針固定後疏縫。

4 由花朵開始進行藏針縫，完成後縫合葉片。

5 拆掉疏縫線，描出壓線。將補強布、棉襯和表布疊合後壓線（圖1）。留下1cm縫份後裁剪。

6 將拉鍊如圖2於表布開口側對齊，表布和拉鍊中心對齊後珠針固定，以細珠針固定至拉鍊兩端，再進行半回針縫（圖2）。拉鍊兩端則進行立針縫（圖4）。

7 縫製布環。疏縫於拉鍊尾端（圖2）。

8 正面相對將拉鍊放在中心位置，縫製側幅，縫份往下方壓倒。再來縫製側邊（圖4）。

9 裡布依紙型大小再加1cm縫份裁剪，側邊和側幅縫合作成袋狀（圖5）。

10 表布和裡布背面對齊，於袋口邊縫份處縫接上拉鍊（圖5）。

11 喜歡的位置燙上水鑽（圖6）。

尺寸圖

主體
表布（黑色絞染布・貼縫）
　（棉襯）
補強布（白布）
裡布（印花布）

各1片

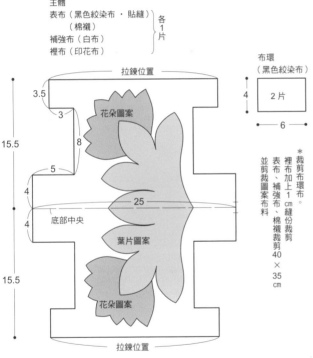

布環
（黑色絞染布）

2片

*裁剪布環布。
裡布加上1cm縫份裁剪
表布、補強布、棉襯裁剪40×35cm
並剪裁圖案布料

圖1

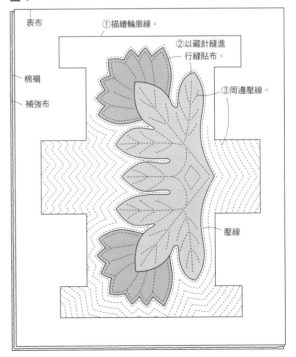

表布
棉襯
補強布

①描繪輪廓線。
②以藏針縫進行縫貼布。
③周邊壓線。
壓線

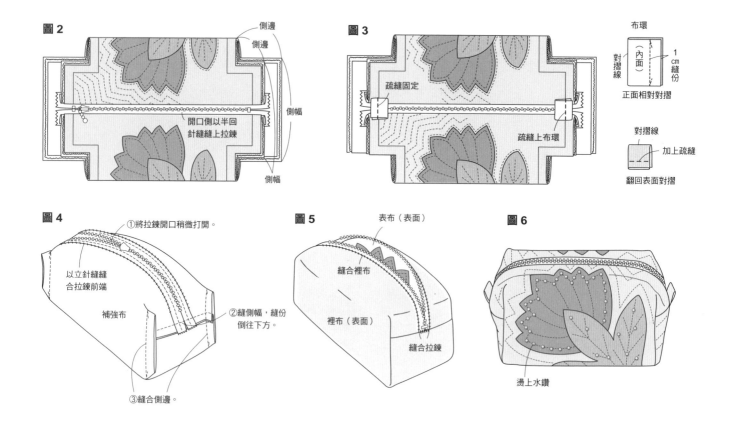

圖2 側邊
側邊
開口側以半回
針縫縫上拉鍊
側幅
側幅

圖3
疏縫固定
疏縫上布環

布環
對摺線
（內面）
1 cm 縫份
正面相對對摺

對摺線
加上疏縫
翻回表面對摺

圖4
①將拉鍊開口稍微打開。
以立針縫縫合拉鍊前端
補強布
②縫側幅，縫份倒往下方。
③縫合側邊。

圖5
表布（表面）
縫合裡布
裡布（表面）
縫合拉鍊

圖6
燙上水鑽

作品圖 *29*

法國玫瑰手拿包

●原寸紙型C面（50%）

完成尺寸 長14cm・寬26cm・側幅寬4cm

◇**材料**

棉布

藍色絞染布……50×55cm
（主體表布・側幅表布・底部表布）
粉紅色絞染布……30×35cm（花朵圖案）
綠色漸層絞染布……20×55cm（花萼・葉片・葉梗）
印花布……50×55cm（主體裡布・底部裡布・側幅裡布・側幅縫份包邊用斜布條）
白布……35×35cm（補強布）

棉襯……50×60cm
拉鍊 藍色……長20cm 2條
燙鑽……適量

◇**作法**

1 主體表布依紙型加3cm後裁剪，描繪貼布圖案。參考P.56至P.58製作貼布縫（圖1）。

2 補強布、棉襯和表布疊合疏縫後壓線。進行壓線時在圖案周圍以落針壓線，接著沿著圖案輪廓臨邊0.8至1cm壓線（圖1）。

3 依完成線加上1cm縫份後剪掉多餘布料。共製作兩片。

4 底部也以三層疊合疏縫後壓線（圖2）。

5 將側幅接縫上拉鍊，翻回正面後壓線（圖3）。

6 底部和側幅縫接作成筒狀。再以寬2.5cm縫份以斜布條包邊（圖4）。

7 側幅兩側邊和主體對齊以半回針縫縫合。縫份摺往主體一側，連棉襯一起疏縫（圖5）。

8 裡布表面朝外與主體內對齊，沿縫目邊緣進行立針縫（圖6）。

9 於喜歡位置燙上水鑽。

立針縫

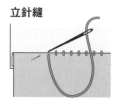

半回針縫

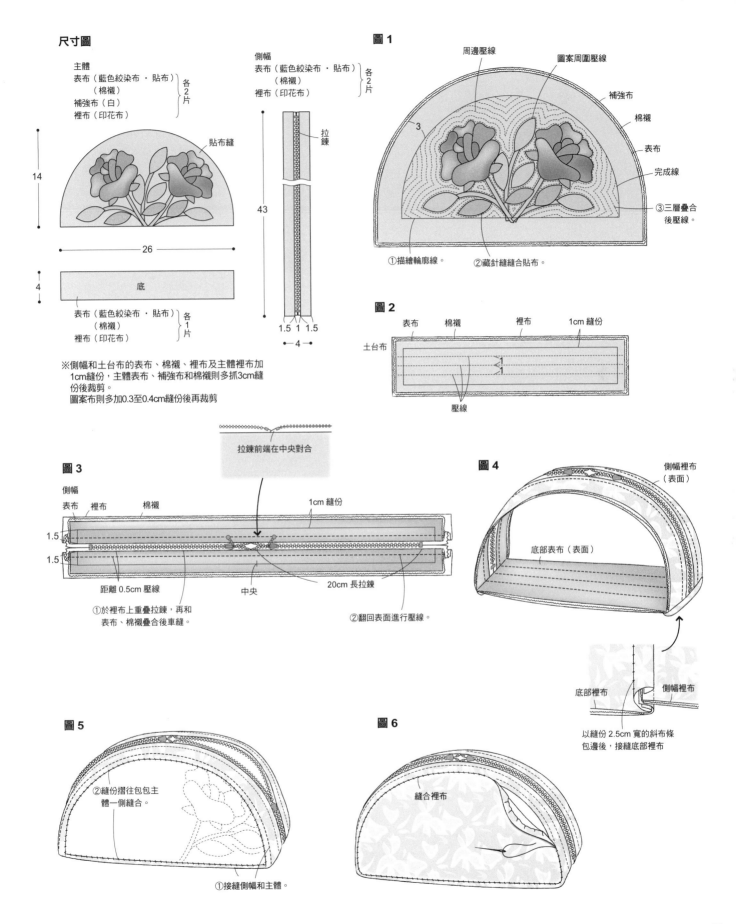

尺寸圖

主體
表布（藍色絞染布・貼布）
（棉襯）　　　　　　　各2片
補強布（白）
裡布（印花布）

貼布縫

14
26

底
表布（藍色絞染布・貼布）
（棉襯）　　　　　　各1片
裡布（印花布）

4

側幅
表布（藍色絞染布・貼布）
（棉襯）　　　　　各2片
裡布（印花布）

拉鍊

43
1.5 1 1.5
4

※側幅和土台布的表布、棉襯、裡布及主體裡布加
　1cm縫份，主體表布、補強布和棉襯則多抓3cm縫
　份後裁剪。
　圖案布則多加0.3至0.4cm縫份後再裁剪

圖1

周邊壓線
圖案周圍壓線
補強布
棉襯
表布
完成線
③三層疊合
　後壓線。
3
①描繪輪廓線。
②藏針縫縫合貼布。

圖2

表布　棉襯　　裡布　1cm 縫份
土台布
壓線

拉鍊前端在中央對合

圖3

側幅
表布　裡布　　棉襯　　　　1cm 縫份
1.5
1.5
距離 0.5cm 壓線
中央
20cm 長拉鍊
①於裡布上重疊拉鍊，再和
　表布、棉襯疊合後車縫。
②翻回表面進行壓線。

圖4

側幅裡布
（表面）
底部表布（表面）
底部裡布
側幅裡布
以縫份 2.5cm 寬的斜布條
包邊後，接縫底部裡布

圖5

②縫份摺往包包主
　體一側縫合。
①接縫側幅和主體。

圖6

縫合裡布

心形玫瑰提包

●原寸紙型 B 面

完成尺寸 長 17cm · 寬 29cm

◇**材料**

棉布
　亮綠色絞染布……70×40cm
　　（主體表布·提把·提把補強布）
　紫色漸層染布……適量（圖案）
　綠色染布……15×28cm（圖案）
　白布……110×40cm（白布·補強布）
　印花布……70×40cm（主體裡布·內口袋）
棉襯……40×70cm
羊毛氈……4×45cm（提把用芯）
小圓玻璃珠 紫色系……適量
燙鑽……適量

◇**作法**

1. 將前片主體、蓋子、後片主體進行挖布縫（參考P.63至 P.64）。

2. 前片主體、蓋子、後片主體各依照棉襯、補強布順序疊合疏縫後壓線。後片玫瑰的壓線圖案使用於袋蓋挖縫圖案的中央部分（參考尺寸圖）。

3. 前片主體、蓋子、後片主體周圍加1cm縫份後裁剪。各自縫製短褶，前片主體和後片主體的縫份交錯摺往一側。兩片縫合製成表袋。

4. 縫製內袋，將袋蓋、後片主體裡布縫合（圖1）。縫合短褶、裡前片主體，完成袋形。

5. 參考圖2·圖3製作提把和提把補強布。於主體表布側邊縫目的中央處縫合提把，上方疊合上提把補強布六片一起縫合。

6. 摺疊表袋縫份作出完成大小，以熨斗整燙形狀。弧度部分縫份參考圖3整理，將裡袋和表袋套合，比表袋縫份稍小0.2至0.3cm內摺並藏針縫。

7. 於袋蓋喜歡的位置燙上水鑽。

尺寸圖

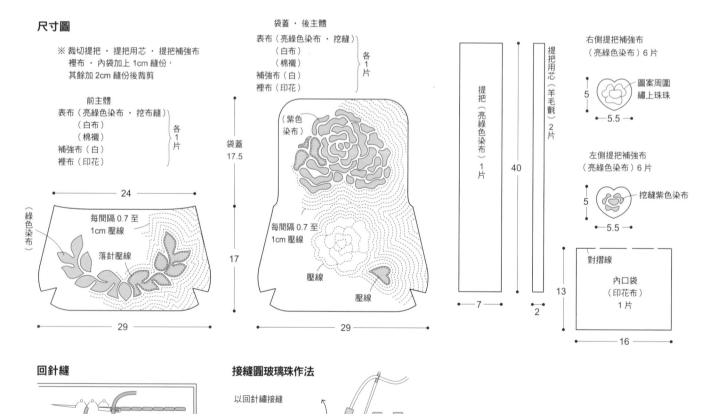

回針縫

接縫圓玻璃珠作法

以回針繡接縫

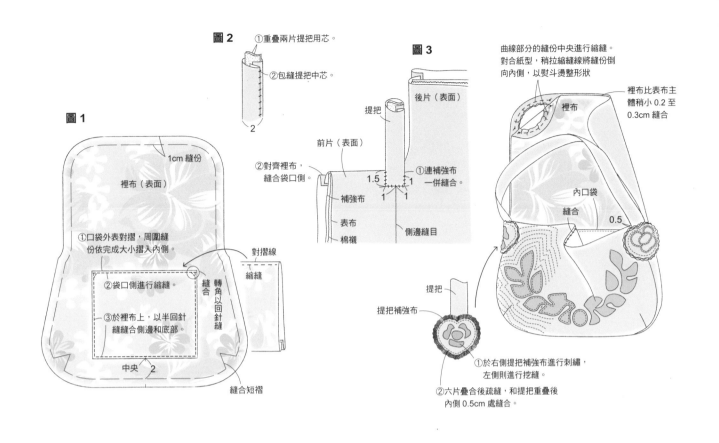

圖2
①重疊兩片提把用芯。
②包縫提把中芯。
2

圖1
1cm 縫份
裡布（表面）

①口袋外表對摺，周圍縫份依完成大小摺入內側。
②袋口側進行縮縫。
③於裡布上，以半回針縫縫合側邊和底部。

對摺線
縮縫

縫合
轉角以回針縫

中央　2
縫合短褶

圖3
曲線部分的縫份中央進行縮縫。對合紙型，稍拉縮縫線將縫份倒向內側，以熨斗燙整形狀。

裡布比表布主體稍小 0.2 至 0.3cm 縫合

後片（表面）
提把
前片（表面）

②對齊裡布，縫合袋口側。
①連補強布一併縫合。

1.5
補強布
1　1
表布
棉襯

側邊縫目

裡布
內口袋
縫合
0.5

提把
提把補強布

①於右側提把補強布進行刺繡，左側則進行挖縫。
②六片疊合後疏縫，和提把重疊後內側 0.5cm 處縫合。

作品圖 *34*
綠冬真馨花朵的針線盒（小）

尺寸圖（作法參考 **P.96**）

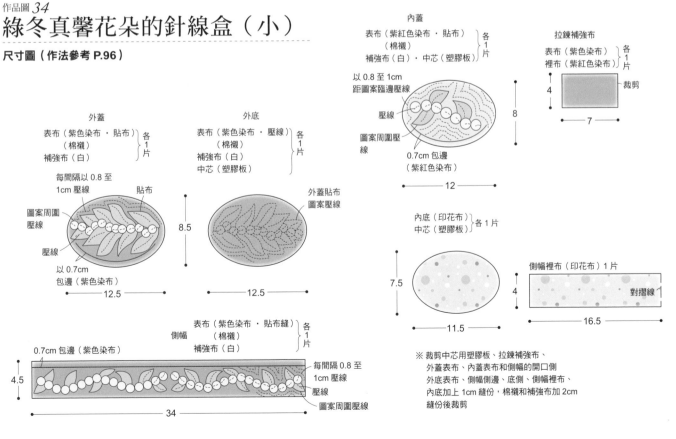

外蓋
表布（紫色染布・貼布）
（棉襯）
補強布（白）
各 1 片

每間隔以 0.8 至 1cm 壓線
貼布
圖案周圍壓線
壓線
以 0.7cm 包邊（紫色染布）
8.5
12.5

外底
表布（紫色染布・壓線）
（棉襯）
補強布（白）
中芯（塑膠板）
各 1 片

外蓋貼布
圖案壓線
12.5

內蓋
表布（紫紅色染布・貼布）
（棉襯）
補強布（白）・中芯（塑膠板）
各 1 片

以 0.8 至 1cm 距圖案臨邊壓線
壓線
圖案周圍壓線
0.7cm 包邊（紫紅色染布）
8
12

拉鍊補強布
表布（紫色染布）
裡布（紫紅色染布）
各 1 片
裁剪
4
7

內底（印花布）
中芯（塑膠板）
各 1 片
7.5
11.5

側幅裡布（印花布）1 片
對摺線
4
16.5

側幅
表布（紫色染布・貼布縫）
（棉襯）
補強布（白）
各 1 片

0.7cm 包邊（紫色染布）
4.5
每間隔 0.8 至 1cm 壓線
壓線
圖案周圍壓線
34

※ 裁剪中芯用塑膠板、拉鍊補強布、外蓋表布、內蓋表布和側幅的開口側
外底表布、側幅側邊、底側、側幅裡布、內底加上 1cm 縫份，棉襯和補強布加 2cm 縫份後裁剪

提亞蕾花橢圓包

●寸紙型 B 面

完成尺寸 長 11cm・寬 14cm・側幅寬 4cm

◇**材料**

棉布

　綠色絞染布……25×50cm
　（主體表布・口布表布・側幅表布）
　印花布……25×50cm（裡布）
　白布……30×60cm（補強布）
　碎布5種……各適量（圖案）
棉襯……30×60cm
拉鍊……長20cm 1條
燙鑽……適量

◇**作法**

＊作法參考P.75「鍾意的迷你波士頓包」。

1 於主體表布上，由最底層圖案（依圖案a・b・c・d順序）進行貼縫（參考尺寸圖）。

2 將補強布、棉襯和表布疊合疏縫後壓線，周圍縫份修剪成1cm，共製作兩片。

3 口布疊合三層布料後壓線，夾入拉鍊後縫接上裡布，拉鍊的另一側接上另一片口布。

4 側幅也疊合三層布料後壓線。

5 口布和側幅接縫作成筒狀，將主體兩側縫合（圖1）。

6 縫合側幅裡布。口布側縫份摺出完成尺寸，於口布縫目邊縫合，再縫合主體裡布，對合主體將縫份摺入縫合（圖2）。

7 於喜歡的位置燙上水鑽（圖1）。

尺寸圖

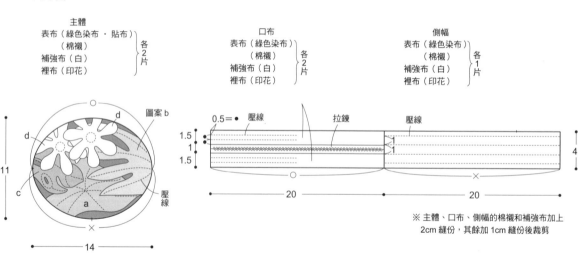

※ 主體、口布、側幅的棉襯和補強布加上2cm 縫份，其餘加 1cm 縫份後裁剪

圖 1

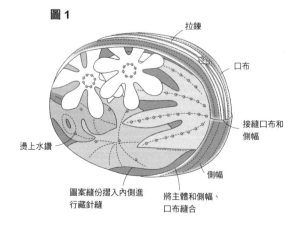

圖 2

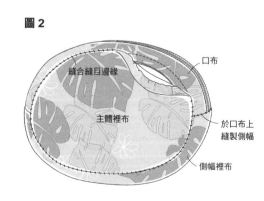

作品圖 *30*
大樹的珠寶飾品收納包

完成尺寸 長 12cm · 寬 8cm · 側幅寬 3cm

◎**材料**

棉布

　藍色漸層絞染布……25×50cm（主體表布）

　黃綠色布……50×50cm（口布·側幅表布·斜布條）

　印花布……30×25cm（裡布）

　白布……30×30cm（補強布）

　碎布數種 ……各適量（圖案）

羊毛氈 卡其色……少許（貓咪圖案）

棉襯……30×30cm

25號繡線 粉紅·卡其色……各適量

拉鍊……長20cm 1條

燙鑽……適量

◎**作法**

1. 主體表布進行貼布縫（參考下圖）。補強布、棉襯和表布疊合疏縫後壓線。周圍縫份修剪成0.7cm。共製作2片。

2. 兩片口布各疊合三層布料後壓線。夾入拉鍊再將兩片縫合（參考尺寸圖）。縫份修剪成0.7cm。

3. 側幅也疊合三層布料後壓線，縫份剪齊成0.7cm。側幅和口布接縫成筒狀（參考P.75「鍾意的迷你波士頓包」），縫製裡布。

4. 主體疊合裡布後疏縫，側幅、口布部分和外表對齊後，周圍進行疏縫。

5. 黃綠色棉布布剪成6cm寬斜布條對摺，主體和側幅、口布側縫合後，將縫份進行包邊（參考完成圖）。

6. 貼布葉片尖端燙上水鑽。

實物大紙型

※裁剪貓咪圖案，主體加上2cm縫份，
　其餘圖案則加上0.3至0.5cm縫份後裁剪

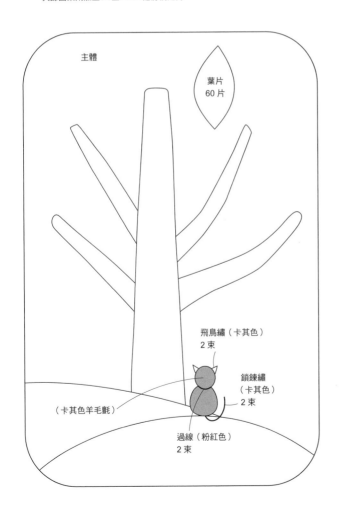

尺寸圖

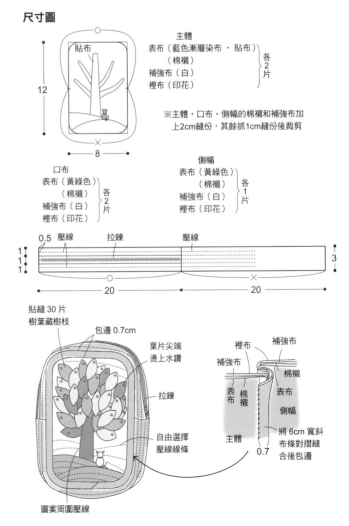

色彩繽紛筆袋

完成尺寸　長20cm，側幅直徑約5cm

◇材料

棉布
　印花布a……12×30cm（拼布片A）
　印花布b‧c……各10×40cm（拼布片B）
　印花布d……20×30cm（側幅表布‧斜布條）
　印花布e……20×35cm（裡布）
　白布……20×35cm（補強布）
棉襯……20×35cm
拉鍊……長20cm 1條
燙鑽……適量

◇作法

1 裁剪布材。將印花布b和c拼縫作出拼布片B，縫製正方形拼布塊10片。

2 拼布片A和步驟1完成的拼布塊一起拼縫，完成表布（參考尺寸圖）。

3 補強布、棉襯和表布疊合疏縫後壓線，完成主體表布。

4 側幅也將三層布料疊合疏縫後壓線（參考尺寸圖）。共製作兩片。

5 主體表布和側幅周邊縫份剪齊成0.7cm。

6 將主體表布袋口側包邊並縫製拉鍊（參考圖示）。再縫合側幅。

7 主體裡布也縫合側幅作出袋狀。將裡袋和表袋套合，袋口側縫份摺疊接縫拉鍊（參照圖示）。

8 於喜好位置燙上水鑽。

尺寸圖

主體
表布（拼布縫）
　　（棉襯）
補強布（白）　各1片
裡布（印花布e）

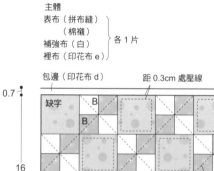

包邊（印花布d）　　距0.3cm處壓線

缺字　B
B
（印花布a）
（印花布b）
（印花布c）
壓線
0.7
16
4
2　2
2
2
0.7
包邊
20

側幅
表布（印花布d）
　　（棉襯）
補強布（白）　各2片
裡布（印花布e）

4.8
5.2

※拼布片、側幅、裡布加上0.7cm縫份，棉襯、補強布加2cm縫份後裁剪

實物大紙型

※加上0.7cm縫份

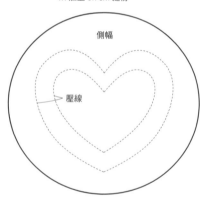

側幅
壓線

A

B

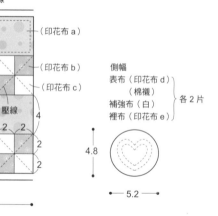

包邊（以4.5cm寬包邊布對摺成雙層）
縫合
以半回針縫縫合拉鍊
拉鍊尾端進行立針縫
裡布口側摺成完成大小，接縫拉鍊

表布
棉襯
補強布

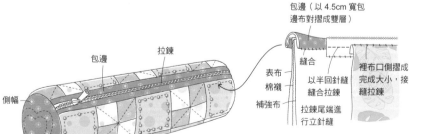

包邊　拉鍊
側幅
燙上水鑽

數位相機包

完成尺寸 長 9cm・ 寬 14cm・ 側幅寬約 3.5cm

◇材料

棉布
　印花布a……15×35cm（側幅表布・提把）
　印花布b……25×35cm（裡布）
　碎布3種……各適量（拼布片）
　白布……25×40cm（補強布）
棉襯……25×40cm
燙鑽……適量

◇作法

1 以拼布縫製作兩片主體表布。補強布、棉襯和表布疊合疏縫後壓線，周圍縫份剪齊成1cm。

2 側幅也將補強布、棉襯和表布疊合疏縫後壓線，周圍縫份剪齊成1cm。

3 和兩片主體周圍接縫側幅作出袋狀。

4 參考圖製作兩條提把，疏縫於主體袋口側。

5 縫合主體裡布和側幅作出袋狀。（請留返口不縫）。

6 主體和裡布正面相對，縫合袋口側，將裡布自返口翻回表面，縫合返口。

7 裡布放進主體中調整形狀後，於袋口側進行端車縫。

8 於喜歡的位置燙上水鑽。

尺寸圖

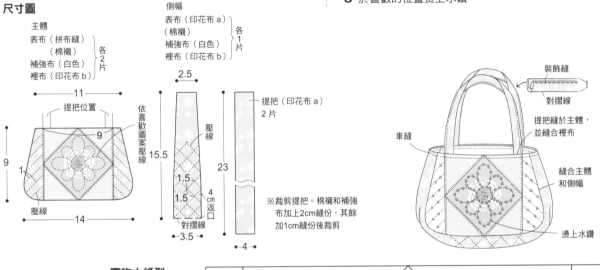

實物大紙型

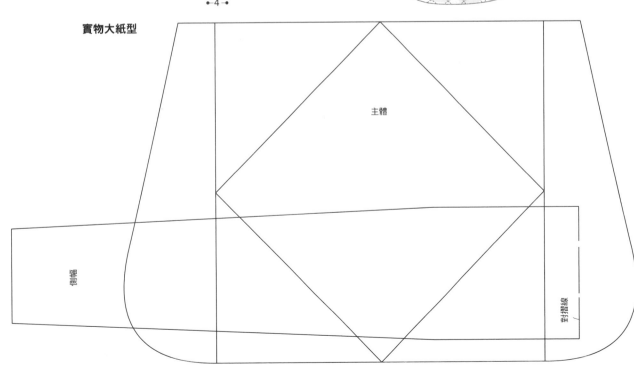

漸層星星的收納袋中袋

●原寸紙型 A 面

完成尺寸 長 15cm・寬 21cm m・側幅寬 4cm

◇**材料**

棉布

　粉紅色絞染布……30×100cm（主體表布・口袋裡布）

　粉紅印花布……30×110cm

　　（主體裡布・側幅表布・側幅裡布・滾邊用斜布條）

　粉紅色系印花布6種……各30×50cm（拼布片a・b・c）

　藍色染布……30×35cm（拼布片a）

棉襯……45×90cm

拉鍊……長20cm 1條

燙鑽……適量

◇**作法**

1 主體表布加上1cm縫份後裁剪，畫上壓線線條（參考尺寸圖），將裡布、棉襯和表布疊合疏縫後壓線。

2 拼布縫口袋表布，袋口側和周圍以外縫份剪齊成0.5cm，以熨斗燙整縫份。

3 口袋裡布、棉襯和步驟2完成的表布疊合，疏縫後壓線（參考尺寸圖）。

4 縫製側幅。將側幅裡布、棉襯、表布疊合後疏縫，沿印花圖案壓線。

5 口袋開口側進行包邊。製作包邊時，將口袋放在主體表布，口袋比尺寸圖位置的長度短的話，調整包邊寬度製作適合長度。

6 將主體、口袋和側幅周圍縫份剪齊成0.5cm。

7 主體表口側和拉鍊正面相對，疊合斜布條縫合完成線，斜布條翻往裡布側，尾端接縫裡布（參考圖示）。

8 口袋表面疊合在主體表布側，側邊縫份進行疏縫。

9 主體側邊和側幅外表對齊，縫份進行疏縫。側幅上下角縫製圓弧，修剪角角多餘布料。

10 粉紅色印花布裁剪5×40cm長斜布條兩條。表面朝外對摺（摺成兩層），從距尾端0.5cm處作出縫線（參考圖示）。

11 步驟10的斜布條縫線對齊主體縫合。斜布條倒往側幅一側，藏針縫縫合縫份。相同作法完成另一側包邊。

12 喜好的位置燙上水鑽。

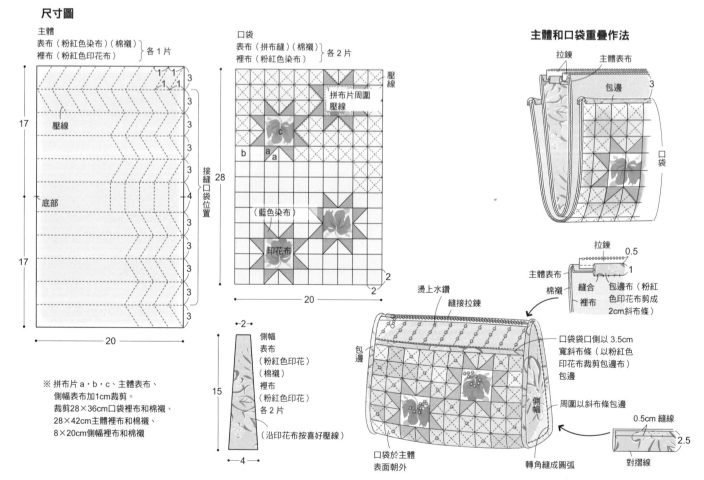

尺寸圖

主體
表布（粉紅色染布）（棉襯）
裡布（粉紅色印花布）　各1片

口袋
表布（拼布縫）（棉襯）
裡布（粉紅色染布）　各2片

主體和口袋重疊作法

※ 拼布片 a・b・c、主體表布、側幅表布加1cm裁剪。
　裁剪28×36cm口袋裡布和棉襯、
　28×42cm主體裡布和棉襯、
　8×20cm側幅裡布和棉襯

側幅
表布（粉紅色印花）（棉襯）
裡布（粉紅色印花）　各2片
（沿印花布按喜好壓線）

2款夏威夷風貼布抱枕

●原寸紙型 B 面

完成尺寸　46×46cm

◇**材料**

共通（1個）

棉布 白布……50×50cm（補強布）

棉襯……50×50cm

拉鍊……長45cm 1條

燙鑽……適量

市售編織抱枕……45×45cm 1個

A（歐胡島島花 Ilima）

棉布

綠色絞染布……110×50cm（葉片・滾邊用斜
布條）

奶油色布……110×50cm（主體）

粉紅色染布……110cm×15cm（花朵圖案）

B（天堂玫瑰）

棉布

淺綠色絞染布……110×50cm（葉片・滾邊用
斜布條）

卡其色絞染布……110×50cm（主體）

玫瑰色染布……110×15cm（花朵圖案）

◇**作法**

1 指定布料依紙型裁剪葉片和花朵。其餘部分則
參考尺寸圖剪裁。

2 前片主體表布貼縫上葉片，接下來貼縫花朵製
作花圈。此時最先貼布的圖案和最後貼布圖案
重疊部分留下來不縫，最後的圖案貼布縫後，
貼布縫重疊位置（參考P.51貼布縫作法）。

3 補強布、棉襯和表布依序疊合疏縫後壓線，拆
掉疏縫，周圍縫份剪齊成1cm。

4 後片主體夾入拉鍊，再將兩片縫合。

5 以和葉片相同布料剪出190×6cm斜布條。

6 前片和後片主體外表對齊，周邊進行疏縫，
並以斜布條包邊（包邊作法參考P.110至
P.111）。

7 於花朵圖案的喜歡位置燙上水鑽。

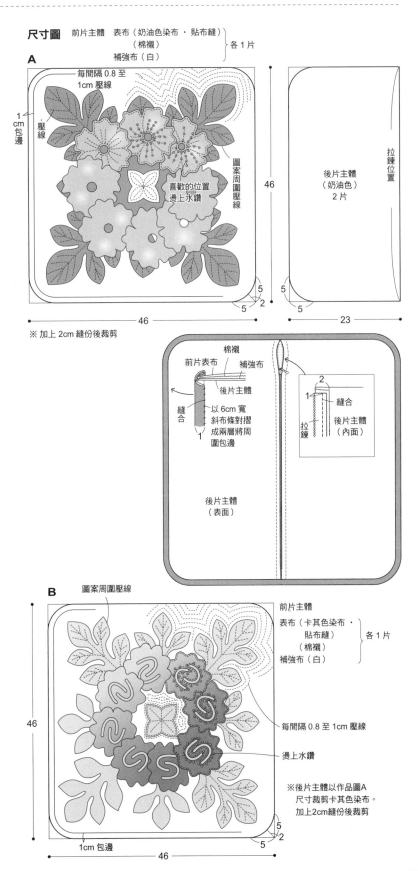

綠冬真馨花朵的針線盒（大・小）

●原寸紙型 B 面

完成尺寸 大……蓋子・底 11×17cm・高 7cm 小……蓋子・底 8.5×12.5cm・高 4.5cm ※P.89 針線盒（小）的尺寸圖。

◇**材料**

針線盒（大）

棉布

紫色絞染布……110×40cm（外蓋表布・外底表布・側幅表布，拉鍊補強布表布・滾邊用斜布條）

藤色絞染布……40×40cm（內蓋表布・拉鍊補強布裡布・滾邊用斜布條）

綠色染布……適量（葉片）

絞染布2種……各適量（果實圖案）

印花布……9×50cm（側幅裡布・內底・分隔夾層用布・滾邊用斜布條）

白布……30×70cm（補強布）

棉襯……30×70cm

塑膠板……11×34cm（中芯）

拉鍊……長20cm 2條

燙鑽……適量

針線盒（小）

棉布

紫色絞染布……30×40cm（外蓋表布・外底表布・側幅表布，拉鍊補強布表布・滾邊用斜布條）

紅紫色絞染布……30×30cm（內蓋表布・拉鍊補強布裡布・滾邊用斜布條）

綠色染布……適量（葉片）

絞染布2種……各適量（果實圖案）

印花布……16×35cm（側幅裡布・內底）

白布……25×50cm（補強布）

棉襯……25×50cm

塑膠板……9×25cm（中芯）

拉鍊……長30cm 1條

燙鑽……適量

◇**作法**

針線盒（大）

外蓋、外底、內蓋和分隔夾層用布表布畫上完成線，裁剪時則要比完成尺寸稍微大一些裁剪，也可以完成壓線後再沿完成線裁剪。按照圖①至⑪順序完成。

針線盒（小）

參考P.89裁剪需要配件，依大針線盒相同作法完成。但是，開口只需縫一條拉鍊。

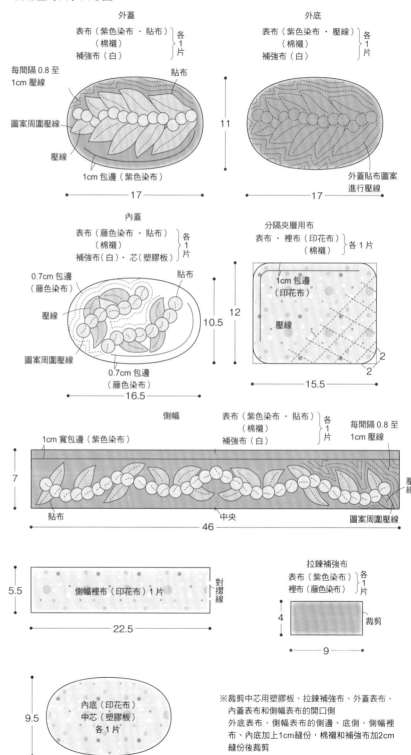

針線盒（大）尺寸圖

外蓋
表布（紫色染布・貼布）
（棉襯）
補強布（白）
各1片
貼布
每間隔 0.8 至 1cm 壓線
圖案周圍壓線
壓線
1cm 包邊（紫色染布）
17

外底
表布（紫色染布・壓線）
（棉襯）
補強布（白）
各1片
11
外蓋貼布圖案進行壓線
17

內蓋
表布（藤色染布・貼布）
（棉襯）
補強布（白）・芯（塑膠板）
各1片
0.7cm 包邊（藤色染布）
壓線
圖案周圍壓線
貼布
0.7cm 包邊（藤色染布）
10.5
16.5

分隔夾層用布
表布・裡布（印花布）
（棉襯）
各1片
1cm 包邊（印花布）
壓線
12
2
2
15.5

側幅
1cm 寬包邊（紫色染布）
表布（紫色染布・貼布）
（棉襯）
補強布（白）
各1片
每間隔 0.8 至 1cm 壓線
壓線
貼布
中央
圖案周圍壓線
7
46

側幅裡布（印花布）1片
對摺線
5.5
22.5

拉鍊補強布
表布（紫色染布）
裡布（藤色染布）
各1片
裁剪
4
9

內底（印花布）
中芯（塑膠板）
各1片
9.5
15.5

※裁剪中芯用塑膠板、拉鍊補強布、外蓋表布、內蓋表布和側幅表布的開口側
外底表布、側幅表布的側邊、底側、側幅裡布、內底加上1cm縫份，棉襯和補強布加2cm縫份後裁剪

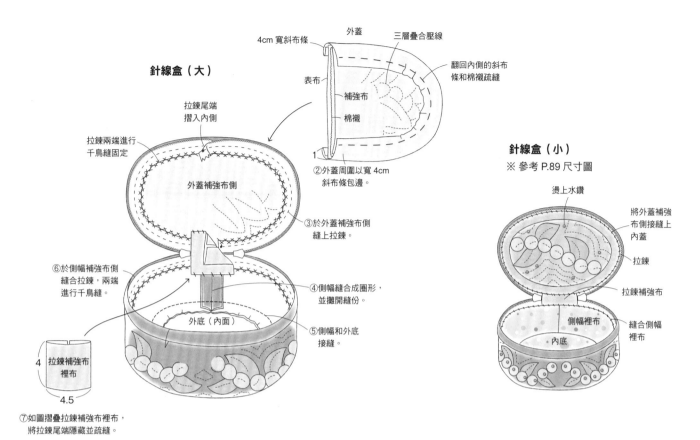

針線盒（大）

外蓋
4cm 寬斜布條
三層疊合壓線
翻回內側的斜布條和棉襯疏縫
表布
補強布
棉襯

②外蓋周圍以寬 4cm 斜布條包邊。

拉鍊尾端摺入內側
拉鍊兩端進行千鳥縫固定
外蓋補強布側

③於外蓋補強布側縫上拉鍊。

⑥於側幅補強布側縫合拉鍊，兩端進行千鳥縫。

④側幅縫合成圈形，並攤開縫份。

外底（內面）

⑤側幅和外底接縫。

4
拉鍊補強布裡布
4.5

⑦如圖摺疊拉鍊補強布裡布，將拉鍊尾端隱藏並疏縫。

針線盒（小）
※ 參考 P.89 尺寸圖

燙上水鑽
將外蓋補強布側接縫上內蓋
拉鍊
拉鍊補強布
側幅裡布
縫合側幅裡布
內底

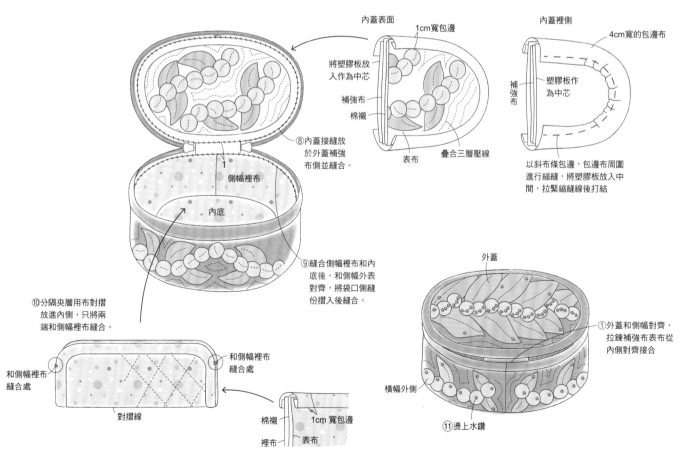

內蓋表面
1cm 寬包邊
將塑膠板放入作為中芯
補強布
棉襯
表布
疊合三層壓線

內蓋裡側
4cm寬的包邊布
補強布
塑膠板作為中芯

以斜布條包邊，包邊布周圍進行縮縫，將塑膠板放入中間，拉緊縮縫線後打結

⑧內蓋接縫放於外蓋補強布側並縫合。

側幅裡布
內底

⑨縫合側幅裡布和內底後，和側幅外表對齊，將袋口側縫份摺入後縫合。

⑩分隔夾層用布對摺放進內側，只將兩端和側幅裡布縫合。

和側幅裡布縫合處
和側幅裡布縫合處
對摺線

棉襯
裡布
表布
1cm 寬包邊

外蓋

①外蓋和側幅對齊，拉鍊補強布表布從內側對齊接合

橫幅外側

⑪燙上水鑽

鮮紅櫻桃果籃桌旗

●原寸紙型C面（縮小50％）

完成尺寸 32.4×123.6cm

◇材料

棉布

奶油色絞染布……110×100cm（拼布片A‧B‧C，果籃拼布片‧滾邊用斜布條）

印花布3種……各適量（拼布片‧圖案）

絞染布7種……各適量（圖案布）

印花布……130×40cm（裡布）

棉襯……130×40cm

25號繡線 黃色‧咖啡色……各適量

小圓玻璃珠 透明……適量

燙鑽……適量

◇作法

1 拼布縫和貼布縫製作出三片果籃圖案。貼布櫻桃則依照喜好位置放置大中小圓圈再貼布縫，縫上刺繡（參考圖片）。

2 參考尺寸圖，將拼布片A‧B‧C和步驟1完成的籃子接縫製作表布。

3 裡布、棉襯和表布疊合疏縫後壓線。於貼布周圍壓線，櫻花周圍則以0.8cm臨邊壓線。

4 拆掉疏縫線，繡上櫻花花芯。接著在花芯周圍加上小圓玻璃珠。

5 奶油色染布裁剪6cm寬斜布條，接縫成300cm長度。斜布條寬對摺，從邊緣往內側1cm處縫線。縫合桌旗周圍並進行滾邊。

6 於喜歡的位置燙上水鑽。

櫻桃貼布的作法

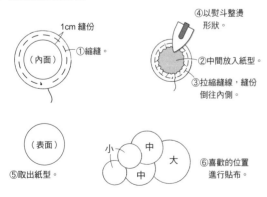

①縮縫。
1cm 縫份
（內面）
④以熨斗整燙形狀。
②中間放入紙型。
③拉縮縫線，縫份倒往內側。
（表面）
⑤取出紙型。
小 中 大 中
⑥喜歡的位置進行貼布。

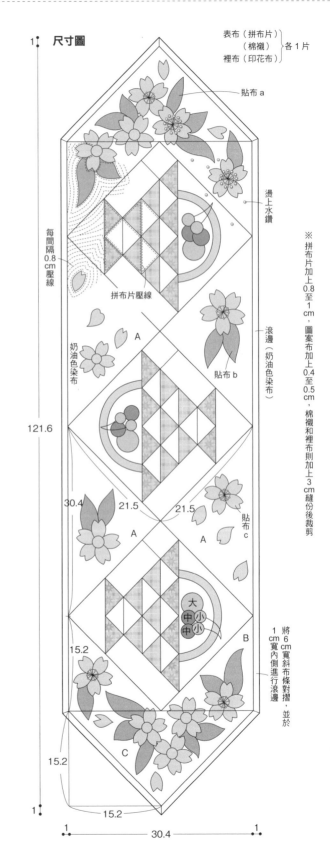

尺寸圖

表布（拼布片）
（棉襯）　各1片
裡布（印花布）

貼布 a

燙上水鑽

每間隔0.8cm壓線

拼布片壓線

滾邊（奶油色染布）

奶油色染布

A

貼布 b

※拼布片加上0.8至1cm，圖案布加上0.4至0.5cm，棉襯和裡布則加上3cm縫份後裁剪

121.6

30.4

21.5

21.5

A

A

貼布 c

大 小 中 小 中

B

1cm寬內側斜布條對摺進行滾邊

15.2

15.2

C

15.2

將6cm寬內側斜布條對摺，並於

15.2

30.4

火鶴花和龜背芋的遮簾

●原寸紙型 C 面（縮小 50%）

完成尺寸 長 40cm 寬 150cm

◇材料

棉布

　白布……160×50cm（土台布）・20×50cm（補強布）

　綠色絞染布……40×50cm（葉片圖案）

　粉紅色絞染布……30×25cm（花苞圖案）

　紅色絞染布……30×25cm（花苞圖案）

　黃色絞染布……25×25cm（花朵圖案）

燙鑽……適量

◇作法

1 剪160×50cm白棉布作為土台布，周圍畫出完成線。另剪9片 5×5cm的孔環補強布。

2 參考尺寸圖，直接在步驟1完成的土台布上描繪貼布圖案。由 最下方圖案紙型開始依序描繪輪廓線。

3 圖案加上0.3至0.5cm縫份後裁剪。

4 從底層圖案開始貼布縫。

5 土台布的完成線再加上2cm縫份後裁剪。縫份的上下左右摺疊 成三褶縫合（圖1）。

6 土台布內側畫上穿孔環記號，參考圖示完成孔環（圖2）。

7 於圖案中挑選喜歡位置燙上水鑽。

尺寸圖

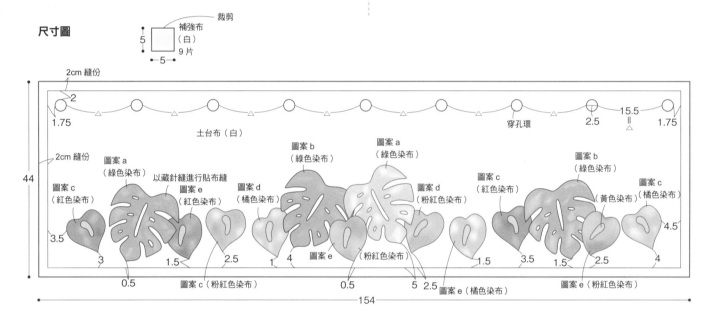

圖1

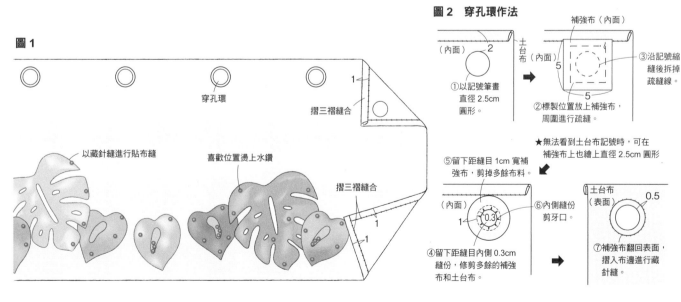

圖2　穿孔環作法

粉紅野薑花餐墊

完成尺寸 長 26cm・寬 38cm

◇材料

棉布

　印花布……90×70cm（表布・裡布）

　6cm寬斜布條……150cm 2條（包邊布）

　粉紅色絞染布……25×55cm（圖案A・B）

　綠色絞染布……25×55cm（圖案C・D）

棉襯……90×35cm

燙鑽……適量

◇作法

1 裁剪35×45cm表布、裡布和棉襯。圖案則依紙型裁剪。

2 參考尺寸圖決定圖案配置，先貼縫圖片A・B，再進行圖案C・D。

3 於步驟2完成的表布畫上壓線線條（圖1）。裡布、棉襯和表布疊合疏縫後壓線。

4 拆掉疏縫線，於完成線加上1cm縫份後裁剪。

5 斜布條布邊內側1cm畫上縫線，斜布條朝外對摺。步驟4的完成線和斜布條縫線正面相對，以珠針固定。沿縫線進行半回針縫（圖2）。

6 滾邊布翻至裡布側，進行藏針縫（圖3）。

7 於喜歡的位置燙上水鑽。

尺寸圖

＊裁剪 35×45cm 表布、裡布和棉襯及 6×150cm 包邊布

圖1

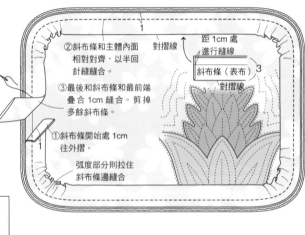

圖2

圖3

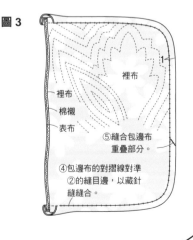

四個轉角的實物大紙型

罌粟花圖案迷你拼布畫

●原寸紙型 D 面（縮小 50%）

完成尺寸 長 82cm・寬 52cm

◇**材料**

棉布

　白布……90×56cm（白布）

　淺藍色絞染布……90×56cm（土台布）

　深綠色絞染布……90×56cm（土台布）

　6cm寬斜布條 280cm（包邊布）

　印花布……90×56cm（裡布）

　深玫瑰色絞染布……16×40cm（圖案）

　玫瑰色絞染布……18×21cm（圖案）

　亮綠色絞染布……30×16cm（圖案）

　綠色絞染布……30×40cm（圖案）

　綠色×卡其色絞染布……25×40cm（圖案）

　黃色・藍色・淺粉紅絞染布……各少許（圖案）

棉襯……90×56cm

燙鑽……適量

◇**作法**

1 參考紙型和尺寸圖裁剪布料。

2 白布描寫上完成線和圖案。

3 於步驟2的白布貼上圖案，上面放上淺藍色染
　布並疊合上深綠色染布後進行疏縫。

4 參照P.63至P.64，進行挖縫。

5 將裡布、棉襯和步驟4完成的拼布疊合疏縫後
　壓線。

6 周圍剪齊成1cm縫份並進行包邊（6cm寬斜布
　條對摺成兩層。參考P.110至P.111）。

7 依喜歡的配置燙上水鑽。

尺寸圖

※ 裁剪圖案布。
　表布、白布、淺藍色染布，棉襯、裡布加 3cm 縫份後裁剪

作品圖 *43*

彩繪玻璃風拼布壁畫

（龜背芋・天堂鳥・雞蛋花）

完成尺寸 20×20cm

◇**材料**

共通（1個）

棉布材質

　黑色絞染布……24×24cm（土台布）

　白布……24×24cm（白布）

　印花布……24×24cm（裡布）

　棉襯……24×24cm

　燙鑽……適量

　畫框……內徑20×20cm 1面

龜背芋

棉布染布

　黃綠×紫……20×20cm（圖案）

　亮綠……21×11cm（圖案）

天堂鳥

棉布染布

　深粉紅色……21×21cm（圖案）

　黃綠……21×15cm（圖案）

　綠……19×15cm（圖案）

　紫……21×21cm（圖案）

雞蛋花

棉布染布

　黃色……20×15cm（圖案）

　淺黃色……14×25cm（圖案）

　橘……11×11cm（圖案）

◇**作法**

1 裁剪圖案。土台布、白布、棉襯和裡布加2cm縫份後裁剪。

2 挖縫土台布（參考P.63至64作法）。

3 將裡布、棉襯和步驟2完成土台布疊合疏縫後壓線。

4 拆掉疏縫線，土台布畫上20×20cm完成線再縫合，裁剪掉縫目往外側0.5cm處的多餘布料。

5 於喜歡的位置燙上水鑽，放入畫框內即完成。

龜背芋　縮小 50% 圖案

※ 影印機放大 200% 即為實物大小

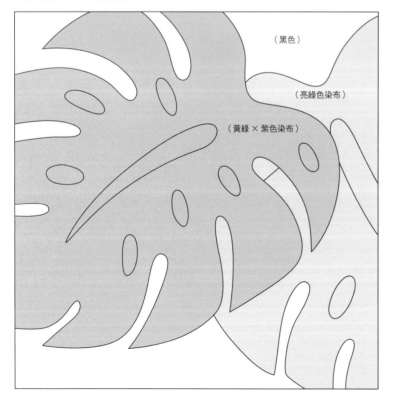

（黑色）

（亮綠色染布）

（黃綠×紫色染布）

完成圖

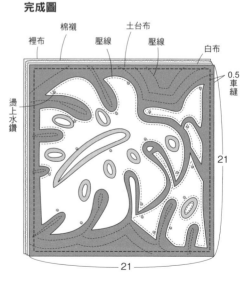

裡布　棉襯　壓線　土台布　壓線　白布

燙上水鑽

0.5 車縫

21

21

※ 加上 2cm 縫份後裁剪

天堂鳥　縮小 50% 圖案

※ 影印機放大 200% 即為實物大小

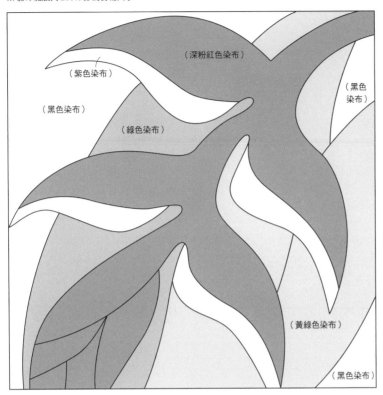

（紫色染布）

（深粉紅色染布）

（黑色染布）

（黑色染布）

（綠色染布）

（黃綠色染布）

（黑色染布）

完成圖

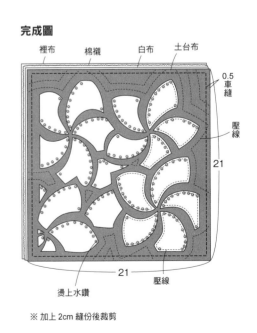

裡布　棉襯　白布　土台布

0.5
車縫周圍

壓線

壓線

21

21

燙上水鑽

※ 加上 2cm 縫份後裁剪

雞蛋花　縮小 50% 圖案

※ 影印機放大 200% 即為實物大小

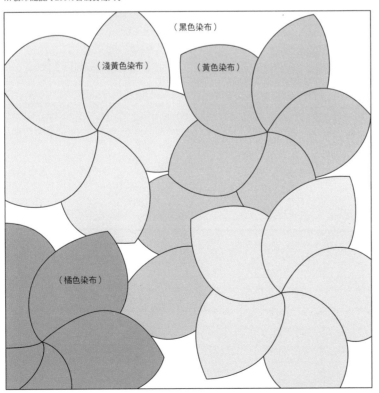

（黑色染布）

（淺黃色染布）

（黃色染布）

（橘色染布）

完成圖

裡布　棉襯　白布　土台布

0.5
車縫

壓線

壓線

21

21

燙上水鑽

※ 加上 2cm 縫份後裁剪

陽光女孩

●原寸紙型 B 面

完成尺寸 142×142cm

◇**材料**

棉布

　碎布片數種……各適量（拼布片）

　印花布……90×295cm（裡布）

　黃色絞染布……110×60cm（包邊用斜布條）

棉襯……90×295cm

燙鑽……適量

◇**作法**

1 參考紙型裁剪，各種布片加1cm縫份後裁剪拼布片。

2 裁剪布片，將拼布片縫製為表布。

3 將裡布、棉襯、表布疊合疏縫後壓線，壓線時整片拼布片進行壓線，其餘則自由加上壓線。

4 拆掉疏縫線，對齊表布後剪掉棉襯、裡布周圍多餘布料。

5 黃色染布剪寬6cm共570cm長斜布條。完成後對摺，於步驟4作品周圍包邊（參考P.110至P.111）。

6 於拼布片喜歡位置燙上水鑽。

尺寸圖

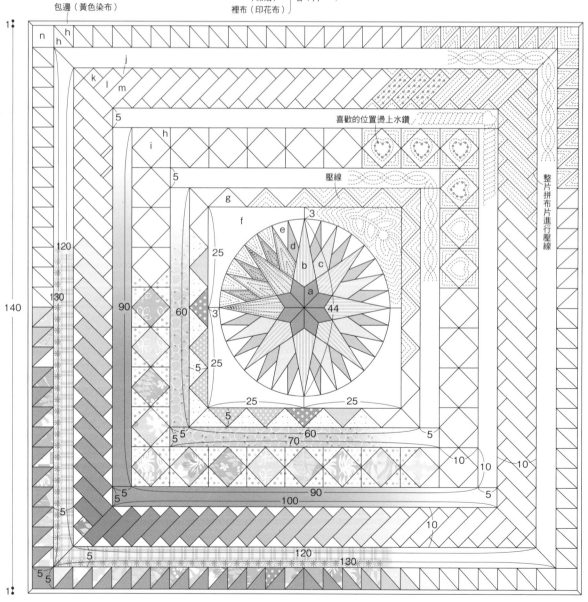

藍海與珍珠

完成尺寸 110×110cm

◇**材料**

棉布

  深藍紫色染布……110×170cm（土台布）

  淺藍色・藍色・藍紫色絞染布……各110×110cm（圖案布）

  藍色絞染布……110×50cm（包邊用斜布條）

  印花布……110×110cm（裡布）

棉襯……110×110cm

燙鑽……適量

珍珠……直徑1cm 4顆

◇**作法**

1 參考紙型裁剪各圖案用布。

2 土台布中心貼布縫圖案A。接著依序圖案B・C・D貼縫製作表布（貼縫作法參考P.51）。

3 將裡布、棉襯、表布疊合疏縫後壓線。

4 藍色染布裁剪成4cm寬斜布條，將布邊周圍進行包邊。

5 於圖案A的四個位置縫上珍珠，於喜歡的位置燙上水鑽。

尺寸圖

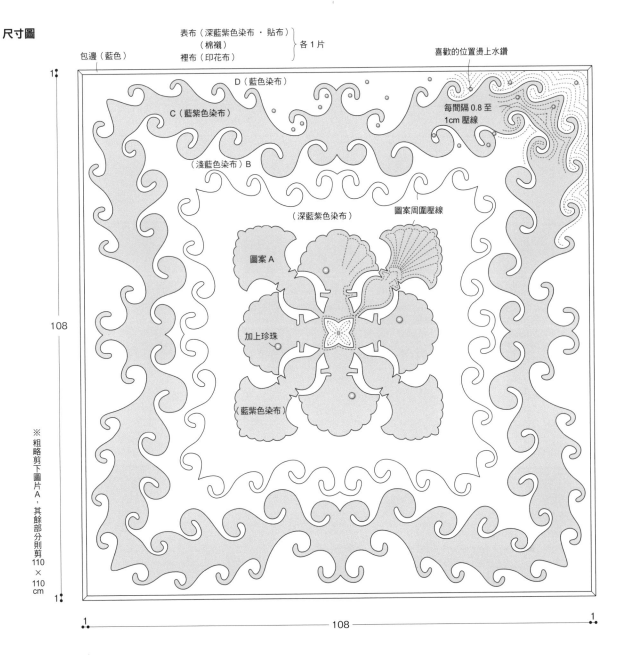

包邊（藍色）

表布（深藍紫色染布・貼布）
（棉襯）
裡布（印花布）} 各1片

喜歡的位置燙上水鑽

D（藍色染布）

C（藍紫色染布）

每間隔0.8至1cm 壓線

（淺藍色染布）B

（深藍紫色染布）

圖案周圍壓線

圖案A

加上珍珠

（藍紫色染布）

108

108

※粗略剪下圖片A，其餘部分則剪110×110cm

藍色系閃亮拼布畫

●原寸紙型 D 面（縮小 50%）

完成尺寸　152×122cm

◇材料

棉布質地

　藍色絞染布……110×380cm（土台布・包邊用斜布條）

　絞染布數種・碎布片數種……各準備適量（貼布縫用・拼布片）

　印花布……110×250cm（裡布）

棉襯……160×125cm

尺寸圖

滾邊（藍色絞染布・雙層）

15

1

30

30

蕾芙亞

60

邊壓線

葡萄的挖布圖案

紐約之星和哈囉莓

25
玫瑰

35

茉莉花

35

30

火鶴和龜背芋

150

15

60

漸變星星

30

貼布周圍散落的拼布圖案

25

1cm 正方形壓線

曼陀羅的挖布圖案

玫瑰和雛菊

30

玫瑰和雛菊

25

35

野薑花

30

布邊 B

布邊 A

每間隔 0.7 至 1cm 壓線

※準備 160×125cm 的裡布（印花圖案）、棉襯

120

1

1 製作10片拼接圖案

參考P.51至P.64和P.106的尺寸圖、紙型。製作將要拼接在一起的10片不同圖案。

2 縫製布邊

1 藍色絞染布正面畫上布邊A‧B的完成尺寸，加上3cm縫份後各剪裁2片，接著於剪下來的四片布邊描繪上貼布縫圖案。以布邊中央將圖案對稱翻轉後描繪，按照此作法完成剩下圖案（參考尺寸圖）。轉角部分則於四片布邊縫合後再描繪。

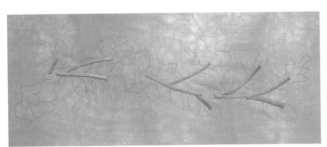

2 裁剪寬2cm，20至30cm長的斜布條作葉梗。正面朝外對摺以熨斗熨燙出褶痕，於距離對摺線0.5cm處畫上縫線。4片布邊都要從貼布縫圖案最底層的葉梗開始貼縫（貼縫作法參考P.56）。

3 葉片、花朵和花萼的圖案布則以冷凍紙於喜歡的布料上描繪紙型。裁剪時要加0.3至0.5cm縫份。貼縫時從葉片開始，接著是以圖案最底層的花朵、花萼和花苞的依序貼縫。

0.3至0.5

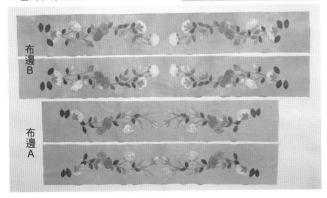

布邊 B

布邊 A

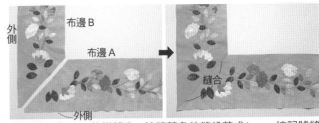

外側

布邊 B

布邊 A

外側

縫合

4 預留布邊A‧B外側部分，接縫轉角的縫份剪成1cm，按記號縫合轉角再剪開縫份。將剩下兩片布邊縫合即完成拼布畫框。

5 拼布轉角描上要貼縫的圖案，對角可以直接翻轉圖案描寫，四個轉角也是從最底層的圖案開始貼縫，完成拼布畫框。

3 拼縫中央的拼布畫

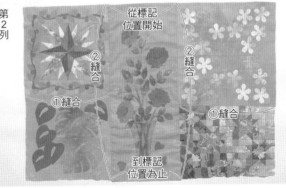

第1列

從標記位置開始

縫合

縫到標記位置為止

第2列

從標記位置開始

②縫合

②縫合

①縫合

①縫合

到標記位置為止

第3列

從標記位置開始

縫合

縫合

到標記位置為止

1 將三列的拼布畫塊各自縫合。第1列和第3列依照片配置，作好的拼布圖案排成橫向對照標記位置縫合。第2列的拼布則先將左右兩邊的圖案各兩片排直，對照標記縫合製作兩片直條拼布圖案。在這兩片拼布圖案中間放上玫瑰花貼布縫拼布再縫合成一大片拼布。中央拼布圖案縫合完成後再處理縫份。

右圖列標記（直排文字）：
第1列 從標記處開始 第2列 第3列

左圖列標記（直排文字）：
到標記為止

縫合
縫合

2 按圖將先拼縫的三列拼布排好，對照標記位置縫合。拼布塊的接縫目避開不要縫到縫份，前後左右邊渡線幾次縫合，縫出不鬆弛縫目即完成（參考P.60），將交點的縫份如風車般交互燙壓，其餘縫份則自然倒向一側，再以熨斗燙壓。完成中央拼布塊。

2 以記號筆描寫壓線線條（參考P.106尺寸圖），於圖案周圍壓線（配合圖案形狀作出水波狀壓線）不需要畫上線條，布邊外側縫份剪齊成1cm。
＊壓線可依喜好自由描寫。

4 完成表布，畫上壓線圖案

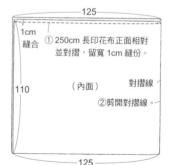

布邊B
中央拼布塊
布邊A

1 中央的拼布塊和布邊加上對齊記號。中央拼布塊和布邊正面相對，對齊記號後以珠針固定，標記處進行平針縫，起針和收尾作一針回針縫，另外，圖案的接縫目請避開不要縫到縫份，縫份倒往布邊方向，完成表布。

5 三層疊合 疏縫後壓線

```
                125
1cm
縫合        ① 250cm 長印花布正面相對
              並對摺，留寬 1cm 縫份。

110         （內面）      對摺線

                        ②剪開對摺線。

                125
```

1 參照圖片縫製裡布

＊作品圖裡布的縫目為中央，就會完成如圖般的成品，或是於縫合成一片布的裡布底端，再加160cm後裁剪也可以。

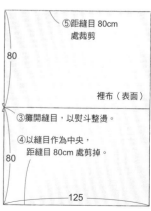

⑤距縫目 80cm 處裁剪

80

裡布（表面）

③攤開縫目，以熨斗整燙。

④以縫目作為中央，距縫目 80cm 處剪掉。

80

125

裡布　棉襯　表布　回針縫一針　疏縫

2 裡布內面朝上攤開，夾入棉襯。再將中央和表布對齊重疊，加上疏縫時要注意三層要對合，疏縫從表面中心入針，連裡布一起向外側縫大一點針目，最後一針回針縫後再剪斷線。

※疏縫順序
由中央作十字線開始，接著是對角線，最後在中間縫上放射狀縫線。

3 於要壓線位置裝上繡花框。繡花框內側的圈放置於棉襯的下方中央，上方卡進外側圈，圈內側以手掌輕壓讓棉襯稍微有鬆弛空間（宛如空氣跑掉的橡皮球一樣觸感）。

4 慣用手中指裝上頂針，按圖案區分從中心往外側壓線，最先進行壓線，接著依照圖案中，布邊的順序縫上。

1 線端打結，由稍微離開一點的位置入針，穿到棉襯中從起縫位置出針，拉線但線結不要拉進布中。

2 朝縫向穿過一束布纖維進行回針縫，於稍微離開的貼布縫邊緣出針。

3 於步驟 **2** 的線條邊緣入針，穿到棉襯中從起縫位置出針。

4 由布邊剪掉最開始的線結，沿貼布縫縫上細針目（落針壓線）。

壓線收尾

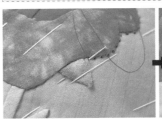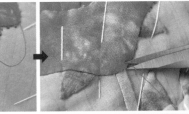

最後撿一束表布纖維進行回針縫，穿入棉襯中，從稍微一些距離處出針，重覆2至3次，由布邊緣剪線。

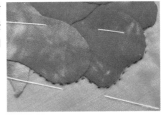

6 拼布周圍 以斜布條滾邊完成

斜布條接法

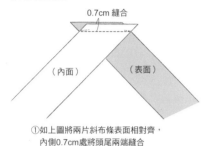

①如上圖將兩片斜布條表面相對齊,
　內側0.7cm處將頭尾兩端縫合

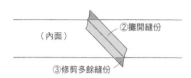

②攤開縫份
③修剪多餘縫份

④表面朝外對摺,以熨斗整燙,
　距對摺線2cm處縫合

1 藍色絞染布裁剪成寬6cm的斜布條(參考P.56)。準備長度550cm包邊使用(參考圖片)。

2 拼布底邊靠近轉角的位置開始以斜布條包邊。斜布條正面對齊拼布,斜布條的起頭位置於外側約1cm處反摺,斜布條的縫線和邊緣的完成線對齊,至轉角位置以珠針固定。

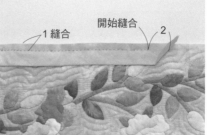

3 距斜布條起頭位置2cm處起針,連裡布一起進行半回針縫。縫到到轉角4cm前,斜布條對齊轉角摺成45度。

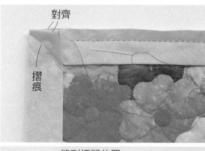

4 斜布條摺成直角,將對摺線和拼布邊對齊。在步驟3的褶痕以珠針保持斜布條成直角,接著縫到轉角標記處,對齊轉角的斜布條翻摺至另一邊,以珠針固定。

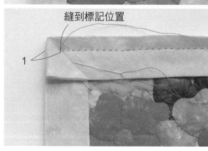

5 由從斜布條轉角褶痕位置穿入步驟4的縫針,於斜布條反面記號位置出針,連裡布一起作一針回針縫後,進行半回針縫,縫至下一轉角。

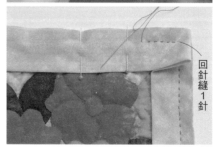

斜布條對摺線邊

半回針縫

將起頭位置中的
未縫合部分縫合

和斜布條前端起頭位置重疊 1cm

斜布條在轉角位
置請摺成直角

6 由以步驟 **3** 至 **5** 作法縫到接近斜布條起始端前,將斜布條頭尾 1cm 重疊,修剪掉多餘的部分。

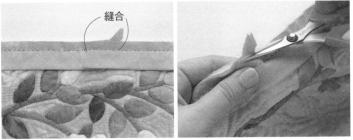

縫合

7 將起始位置中剩餘部分縫合,對齊拼布邊緣,剪掉超過的多餘斜布條。

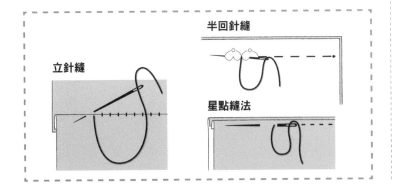

半回針縫

立針縫

星點縫法

裏布面

8 斜布條翻回至裡面,縫目的邊和斜布條對摺線位置對齊,以珠針固定,轉角摺疊成畫框,以容易縫合的位置以珠針固定長度。

縫合重疊部分

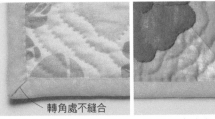

轉角處不縫合

9 斜布條重疊位置開始縫合,在針目邊縫立針縫時連貼布襯一起縫入,拼布畫框轉角不需縫合外,其餘全部縫合。

10 於喜歡的位置燙上水鑽,即完成閃亮拼布畫。

拼布美學 PATCHWORK 07

中島凱西の閃亮亮夏威夷風拼布創作集

15款元氣滿點包＋13個自信閃亮收納包&小物＋5件奢華風拼布畫

作　　者／中島凱西
譯　　者／莊琇雲
發 行 人／詹慶和
總 編 輯／蔡麗玲
執行編輯／蘇真・詹凱雲
編　　輯／蔡毓玲・黃薇之・林昱彤・劉蕙寧
執行美編／王婷婷
美術編輯／陳麗娜
內頁排版／造極
出 版 者／雅書堂文化
發 行 者／雅書堂文化事業有限公司
郵政劃撥帳號／18225950
戶　　名／雅書堂文化事業有限公司
地　　址／新北市板橋區板新路206號3樓
電　　話／（02）8952-4078
傳　　真／（02）8952-4084
網　　址／www.elegantbooks.com.tw
電子郵件／elegant.books@msa.hinet.net

2012年4月初版一刷　定價480元

"KATHY NAKAJIMA NO KIRAKIRA QUILT"　by Kathy Nakajima
Copyright © 2011 by Kathy Nakajima
All rights reserved.
First published in Japanese by NHK Publishing, Inc., Tokyo.

This Traditional Chinese edition is published by arrangement with
NHK Publishing, Inc., Tokyo in care of Tuttle-Mori Agency, Inc., Tokyo
through Keio Cultural Enterprise Co., Ltd., New Taipei City, Taiwan.

總經銷／朝日文化事業有限公司
進退貨地址／新北市中和區橋安街15巷1號7樓
電話／（02）2249-7714　　傳真／（02）2249-8715

星馬地區總代理：諾文文化事業私人有限公司
新加坡／Novum Organum Publishing House (Pte) Ltd.
20 Old Toh Tuck Road, Singapore 597655.
TEL：65-6462-6141　　FAX：65-6469-4043
馬來西亞／Novum Organum Publishing House (M) Sdn. Bhd.
No. 8, Jalan 7/118B, Desa Tun Razak, 56000 Kuala Lumpur, Malaysia
TEL：603-9179-6333　　FAX：603-9179-6060

Staff

攝　影
南雲保夫　下瀬成美（製作方法）

造　型
井上輝美

設　計
須藤愛美

製作解說
奧田千香美

繪圖・紙型
day studio（ダイラクサトミ）

校　正
山內寬子

編　輯
小沼知子（NHK出版）

製作人員
坂口洋子・長谷みどり・山田美枝

製作協力
工作室K小組人員

攝影協力
アワビーズ　プロップスナウ

國家圖書館出版品預行編目資料

中島凱西の閃亮亮夏威夷拼布創作集：15款元氣滿點包款＋
13自信閃亮收納包＆小物＋5件奢華風拼布畫／中島凱西著；莊
琇雲譯 . -- 初版 . -- 新北市：雅書堂文化, 2012.04
　　面；　公分 . -- (Patchwork · 拼布美學；7)
ISBN 978-986-302-045-5(平裝)

1. 拼布藝術　2. 手工藝

426.7　　　　　　　　　　　　　　　　101004795